前　言

　　本书为"板材成形原理与方法"的辅助教材,具有独立性。本书结合学生的认知能力和素质基础,从课程设计的实用角度出发,按课程设计的总体思路和顺序安排内容,循序渐进,由浅入深。

　　本书的特色是:以易用够用为宗旨,设计思路脉络清晰,过程讲解具体实用,选用资料翔实简明;所用标准全部为最新标准;按课程设计的顺序编写,实用性强,便于学生学习。

　　第1章课程设计概论,介绍了课程设计任务来源及基本要求。第2章介绍冲模设计的步骤、方法和要求,并且给出了冲模课程设计题目。第3章讨论了冲裁工艺和冲模零件设计。第4章讨论了拉深模设计,给出了典型拉深模结构实例。第5章给出了常用的冲模设计资料,包括标准模架、标准件、设备参数。第6章通过一个实例,深入浅出地介绍了典型零件冲压工艺过程设计的具体内容和步骤,以及模具结构设计的方法和结果。

　　本书适合高等工科院校材料成型及控制工程专业使用,也可供高职院校相关专业选用,还可供模具企业有关工程技术人员参考。

　　本书第1、2、3章由于洋编写,第4章由韩飞编写,第5章由陈刚编写,第6章由王传杰编写。全书由于洋统稿,崔令江任主审。

　　编者通过多年的科研、模具教学及指导冲模课程设计等方面实践经验的总结,同时参考兄弟院校的经验,编写了这本设计指导与实例教材。

　　由于编者水平有限,书中难免有疏漏和不足之处,望读者批评指正。

编　者

2020 年 1 月

目　　录

第1章　课程设计概论 ·· 1

1.1　课程设计的目的 ·· 1

1.2　课程设计的内容 ·· 1

1.3　课程设计的基本要求 ·· 2

1.4　课程设计的组织与实施 ·· 4

1.5　课程设计答辩与成绩评定 ·· 5

第2章　冲模设计概述 ·· 6

2.1　冲模设计的步骤与方法 ·· 6

2.2　冲模设计的要求 ·· 8

2.3　冲模设计题目汇编 ·· 9

第3章　冲裁模设计 ·· 22

3.1　材料利用率及排样时搭边值的选择 ·································· 22

3.2　冲裁力和冲裁功的计算 ·· 25

3.3　凸、凹模间隙值的确定 ·· 28

3.4　凸、凹模刃口尺寸的计算 ·· 31

3.5　冲模零件设计 ·· 34

3.6　冲模压力中心与封闭高度 ·· 49

第4章　拉深模设计 ·· 52

4.1　圆筒拉深件拉深工艺计算 ·· 52

4.2　压边力、拉深力的计算 ·· 57

4.3　压力机选择 ·· 62

4.4　拉深模典型结构实例 ·· 63

4.5　拉深模工作部分的设计计算 ·· 67

第5章　冲模设计资料 ·· 75

5.1　冷冲模标准模架 ·· 75

5.2　冷冲模上有关螺钉孔的尺寸 ·· 98

5.3　部分冷冲模零件标准 ·· 100

5.4　冷冲模常用螺钉与销钉 ·· 135

5.5　圆柱螺旋压缩弹簧 ·· 139

5.6　冲压设备参数 ·· 144

第6章　冲压工艺与模具设计实例·······································149

　　6.1　读产品图及分析其冲压工艺性·································149

　　6.2　分析计算确定工艺方案···150

　　6.3　主要工艺参数的计算···154

　　6.4　编写冲压工艺过程卡···159

　　6.5　模具结构设计···160

参考文献···168

第1章　课程设计概论

1.1　课程设计的目的

工艺与模具设计能力是材料成型及控制工程专业学生所必备的工程技术能力。课程设计是教学大纲的必修课,也是锻炼学生加强工艺与模具设计能力的重要教学环节。

在冲模课程设计之前,学生已完成机械制图、公差与技术测量、机械设计基础、模具材料及热处理、模具制造工艺、材料成形设备等专业基础课程和专业课程的学习,并进行过机械设计基础课程设计的训练,通过了金工实习、认识实习、生产实习、实验教学等实践性教学环节的锻炼,初步了解了冲件的成形工艺和生产过程,熟悉了多种冲模的典型结构。

冲模课程设计是"板料成形原理与方法"课程中的实践性教学环节,是材料成型及控制工程专业(模具设计及制造方向)教学计划中的重要组成部分,也是对学生进行全面的冲模设计训练的基础。其目的是:

(1)通过课程设计,学生初步学会综合运用"板料成形原理与方法"课程及相关课程的知识和方法,进而解决冲模设计中的问题,进一步巩固、加深和拓宽所学课程的知识。

(2)通过课程设计,学生能掌握一般冲压件成形工艺,以及一般冲模的设计内容、步骤和方法,基本掌握冲模设计的一般规律、模具对制件质量和生产的影响等,提高分析和解决工程实际问题的模具设计能力。

(3)通过计算、绘图和运用技术标准、规范、设计手册等有关设计资料,学生可提高数字化设计工具的使用能力,以完成在模具设计方面所要求的基本训练,为今后进一步进行模具设计打下良好基础。

1.2　课程设计的内容

根据课程设计的目的,课程设计题目的难度不宜太大,以形状较为简单的中小型冲压件冲压模具设计为宜。

1.教师指定课程设计题目

冲模课程设计一般以《课程设计任务书》的形式下达,《课程设计任务书》见表1.1。

《课程设计任务书》的制定一般由指导教师指定制件的形状、尺寸、材料、生产批量及技术要求等原始资料。要求学生制订制件的成形工艺方案、绘制模具装配图和零件图,以及编写设计计算说明书等。

表 1.1　冲模课程设计任务书

专　　业		班　　级	
学　　生		指导教师	
题　　目			
子　　题			
设计时间	年　　月　　日　　至　　年　　月　　日　　共　　周		
设计要求	设计的任务和基本要求,包括设计任务、查阅文献、方案设计、图纸要求、说明书(计算、图表、撰写内容及规范等)、工作量等内容。 　1.根据教师下发的任务书或学生自编的任务书,由 4~5 名学生组成设计小组,并共同完成同一个零件的冲压工艺设计,进行模具设计分工,每位同学负责一道工序的模具设计。 　2.绘制冲模总装配图一张(A0),凸模、凹模零件图各一张。 　3.编制凸模、凹模零件的加工工艺规程。 　4.撰写 4 000 字以上的设计说明书。 　5.说明书组成:封皮、任务书、摘要、关键词、目录、正文和参考文献。正文主要包括任务来源与冲件要求分析、工艺计算与工艺方案制订、模具设计计算、压力机选择、模具结构特点和工作原理等。 　6.冲件的名称、编号、材料牌号、板料厚度及每年生产量要求。 　冲件名称:　　　　　　　　　　冲件编号: 　材料牌号:　　板料厚度:　　mm　生产批量:　　万件/年 (冲件图形及技术要求)		

指导教师签字:　　　　　　系(教研室)主任签字:　　　　年　　月　　日

2. 学生自选课程设计题目

为了激发学生兴趣,提高学生的积极性和主动性,可要求学生自选冲压件作为课程设计的设计对象,自己对所选零件进行实物测绘,绘制出零件图。通过实物测绘,学生可进一步了解冲压件的结构,学会选取制件的材料,分析其成形工艺性的方法。

教师在课程教学开始就布置测绘制件的任务,让学生带着任务学习,在学习中不断获得完成任务所必需的知识和方法,直至最终完成任务。学生在课程设计开始之前必须完成制件的测绘,并分析其成形工艺性。通过该环节,课程理论教学与课程设计可有机地结合在一起。

制件测绘的具体内容如下:

(1)为了培养学生的团队协作能力,成立课程设计小组,小组由 4~5 人组成,教师要加强对小组合作的指导。对于冲压模具课程设计,每个设计小组共同完成一个或几个冲压件的测绘及工艺性分析。

(2)用于测绘的实物制件由学生搜集选择,在征得任课教师同意后方可进行测绘。

(3)要求学生根据制件的形状画出清楚、正确的草图,用适当的测量工具测量制件尺寸,并在草图上标注尺寸和公差。

(4)制件草图完成后,应经过校核、整理,再依此绘制制件图,并选取制件所用的材料,确定批量大小,提出适当的技术要求等。

(5)各设计小组中每位学生应用所学的理论方法对自己组的产品进行工艺性分析,通过组内讨论,对不合理的部分(包括形状、尺寸、公差等)进行修正。

(6)测绘后各设计小组中每位学生参照表 1.1 编写设计任务书。

(7)指导教师对学生编写的设计任务书进行审核,并签字。

1.3　课程设计的基本要求

在进行课程设计时要求学生做到以下几点:

(1)明确任务书的各项要求,按时、高质量地完成课程设计。

(2)及时了解模具技术发展动向,查阅相关资料,做好设计准备工作,充分发挥自己的主观能动性和创造性。

(3)树立正确的设计思想,结合生产实际综合地考虑经济性、实用性、可靠性、安全性及先进性等方面的要求,严肃认真地进行模具设计。

(4)设计采用的有关参数、标准、规范、性能指标具有先进性。

(5)工艺方案合理、计算正确,模具结构合理,制件图、模具总装图及零件图的图面整洁,图样及标注符合国家标准。

(6)选择标准模架和标准零部件。

(7)设计时使用 AutoCAD、CAXA、Pro/E、UG 等计算机辅助设计软件,以便快速和高质量地完成模具设计任务。

(8)编制的成形工艺规程和模具零件制造工艺规程符合生产实际。

(9)设计计算说明书要求手写或打印,手写要求使用学校统一的课程设计本,按课程设计本的格式填写有关内容。

1.4   课程设计的组织与实施

1. 分组与分工

对班级学生进行合理的分组与分工,是保证课程设计质量的前提。将全班学生根据前修课程的基础兼顾其他方面的差异平均分组,每组 4～5 人,选出 1 人为设计组组长。冲模设计每组 1 个零件(形状简单的零件也可以每组 2 个零件)。为了保证课程设计质量,每位指导教师指导 3～4 个组。在指导教师的指导下,组内同学通过讨论,共同完成制件成形工艺方案的制订。

根据成形工艺方案,对冲模设计组内同学进行分工,每人完成一道工序的模具设计。

2. 设计地点

课程设计要求在教室(或机房)进行,以便于指导教师的及时辅导。

3. 课程设计的时间安排

(1)时间安排,冲模课程设计时间为 2 周。

(2)时间分配参见表 1.2。

表 1.2   课程设计时间分配表

序号	内　　　容	时间/天
1	上课,查找资料,分析制件工艺性,进行必要的工艺计算,制订工艺方案	2
2	选择设备,确定模具结构方案,绘制模具总装草图	2
3	绘制正式模具装配图	2
4	绘制凸模、凹模零件图	1
5	编制凸模、凹模零件的加工工艺	0.5
6	整理、编写设计说明书	1.5
7	答辩	1

4. 课程设计动员

课程设计开始,由任课教师做课程设计动员,阐述课程设计的重要意义,以及课程设计的目的、要求、步骤和进度安排,还要介绍注意事项,并且对不合理的设计和常见的错误进行分析。

5. 课程设计过程管理

课程设计时,要求每一阶段的设计经认真检查无误后,方可继续进行。指导教师进行辅导答疑,并及时检查学生的课程设计情况及进度。学生完成规定的全部任务方可参加设计答辩。

6. 学生提交的技术资料

课程设计完成后学生交给指导教师的技术资料如下:

(1)课程设计任务书。

（2）冲压工艺过程卡和模具零件制造工艺卡。

（3）模具总装图,凸模、凹模零件图纸,按 4 号图纸折叠。

（4）设计说明书。

1.5　课程设计答辩与成绩评定

1. 课程设计答辩

教师审阅学生提交的资料后,最后一天在设计教室组织学生答辩。同组学生在一起答辩,答辩采用个别方式进行,冲模设计答辩按冲压工序的先后次序进行。同组的学生必须全程旁听小组答辩。

通过答辩,学生对自己的模具设计工作和设计结果进行一次系统的总结,更深一步体会整个模具设计过程。答辩时,学生要依据模具图纸,简单叙述模具设计内容和特点,以及在设计中所遇到的问题和解决措施。学生自述后,教师可从以下几个方面提出问题:

（1）冲压工艺知识(5 分)。

（2）模具设计的主要内容(5 分)。

（3）设备的选择及有关工艺参数校核(4 分)。

（4）标准模架与标准件的选用(3 分)。

（5）模具材料的选用,模具零件制造工艺的相关问题(3 分)。

答辩学生根据教师所提问题,进行回答。每位学生的答辩时间(包括汇报和提问)以不少于 15 min 为宜。答辩总分为 20 分,教师可根据学生回答问题的情况打分。

2. 课程设计成绩评定

课程设计按一门课程单独计算成绩,课程设计成绩分为优秀、良好、中等、及格、不及格五等。课程设计评分标准如下:

（1）工作表现(考核比例为 30%)。

（2）模具图面质量,技术文件(说明书、成形工艺卡和机械加工工艺过程卡)质量(考核比例为 50%)。

（3）答辩成绩(考核比例为 20%)。

第2章 冲模设计概述

冲模课程设计是材料成型及控制工程专业本科学生的重要教学实践环节之一。通过冲模课程设计的实践过程,学生对塑性加工工艺课程中的工艺知识和模具知识有更深入的理解并会应用,初步具备进行冲压工艺和冲模设计的能力,为将来在工作中尽快提高工程技术能力奠定坚实的基础。因此,要求学生在冲模课程设计过程中认真做好每一步工作,力求弄懂弄通。

2.1 冲模设计的步骤与方法

1. 明确设计任务,收集有关资料

学生在领到设计任务书或自选题目确定设计内容后,首先明确自己的设计课题要求,并仔细阅读冷冲模设计指导方面的教材,了解冲模设计的目的、内容、要求和步骤;然后在教师指导下拟定工作进度计划,查阅有关图册、手册等资料。若有条件,应深入到有关工厂了解所设计零件的用途、结构、性能,以及在整个产品中的装配关系、技术要求,生产的批量,采用的冲压设备型号和规格,模具制造的设备型号和规格,标准化等情况。

2. 冲压工艺分析及工艺方案的制订

(1)冲压工艺性分析。在明确了设计任务,收集了有关资料的基础上,分析制件的技术要求、结构工艺性及经济性是否符合冲压工艺要求。若不合适,应提出修改意见,经指导教师同意后修改或更换设计任务书。

(2)制订工艺方案,填写冲压工艺卡。首先在工艺分析的基础上,确定冲压件的总体工艺方案,然后确定冲压加工工艺方案。它是制订冲压件工艺过程的核心。

在确定冲压加工工艺方案时,先决定制件所需的基本工序性质、数目和顺序,再将其排列组合成若干种方案,最后对各种可能的工艺方案进行分析比较,综合其优缺点,选出一种最佳方案,并将其内容填入冲压工艺卡中。

在进行方案分析比较时,应考虑制件精度、生产批量、工厂条件、模具加工水平及工人操作水平等诸方面因素,有时还需进行一些必要的工艺计算。

3. 冲压工艺计算及设计

(1)排样及材料利用率的计算。就设计冲裁模而言,排样图设计是进行工艺设计的第一步。每个制件都有自己的特点,每种工艺方案考虑问题的出发点也不尽相同,因而同一制件也可能有多种不同的排样方法。在设计排样图时,必须考虑制件精度、模具结构、材料利用率、生产效率、工人操作习惯等诸多因素。

制件外形简单、规则,可采取直排单排排样,排样图设计较为简单,只需查出搭边值即可求出条料宽度,画出排样图。若制件外形复杂,或为节约材料、提高生产率而采取斜排、对排、套排等排样方法时,设计排样图则较困难。当没有条件用计算机辅助排样时,可用纸板按比例做若干个样板。利用实物排样,往往可以达到事半功倍的效果。在设计排样图时往往要同时对多种不同排样方案计算材料利用率,比较各种方案的优缺点,选择最佳排样方案。

(2)刃口尺寸的计算。刃口尺寸的计算较为简单,当确定了凸凹模加工方法后,可按相关公式进行计算。一般冲模刃口尺寸计算结果精确到小数点后两位,当采用成形磨、线切割等加工方法时,计算结果精确到小数点后 3 位。若制件为弯曲件或拉深件,需先计算展开尺寸,再计算刃口尺寸。

(3)冲压力的计算、压力中心的确定、冲压设备的初选。

根据排样图和所选模具结构形式,可以方便地算出所需总冲压力。

用解析法或图解法求出压力中心,以便确定模具外形尺寸。

根据算出的总冲压力,初选冲压设备的型号和规格,待模具总图设计好后,校核该设备的装模尺寸(如闭合高度、工作台板尺寸、漏料孔尺寸等)是否合乎要求,最终确定压力机型号和规格。

4.冲模结构设计

(1)确定凹模尺寸。先计算出凹模厚度,再根据厚度确定凹模周界尺寸(圆形凹模为直径,矩形凹模为长和宽)。在确定凹模周界尺寸时,一定要注意 3 个问题:①要考虑凹模上螺孔、销孔的布置;②压力中心一般与凹模的几何中心重合;③凹模外形尺寸尽量按国家标准选取。

(2)选择模架并确定其他冲模零件的主要参数。根据凹模周界尺寸大小,从冲模典型组合中即可确定模架规格及主要冲模零件的规格参数,再查阅冲模标准中有关零部件图表,即可画出装配图。

(3)画冲模装配图。冲模装配图上零件较多、结构复杂,为准确、迅速地完成画装配图的工作,必须掌握正确的画法。

一般画装配图均先画主视图,再画俯视图。画主视图既可以从模柄开始,从上往下画,也可以从下模座开始,从下往上画。但在冲模零件的主要参数已知的情况下,最好从凸、凹模结合面开始,同时往上、下两个方向画较为方便,且不易出错。

画装配图前一般应先画冲模结构草图,经指导教师审阅后再画正式图。

(4)画冲模零件图。装配图画好后,即可画零件图。一般除模架等标准件以外,其他零件均应画零件图。但由于课程设计的时间限制,只画凸模和凹模零件图。冲模毕业设计按要求画出除模架和紧固件外的全部零件图。一般选择凹模的右侧和下侧平面(俯视图)为设计的尺寸基准。

(5)编写技术文件。冷冲模课程设计要求编写的技术文件有:说明书、冲压工艺卡和机械加工工艺过程卡。可按本章有关要求认真编写。

2.2 冲模设计的要求

1. 冲模装配图

冲模装配图用来表明冲模结构、工作原理、组成冲模的全部零件及其相互位置和装配关系。一般情况下,冲模装配图用主视图和俯视图表示,若还不能表达清楚时,再增加其他视图。一般按1:1的比例绘制。冷冲模装配图上要标明必要的尺寸和技术要求。

(1)主视图。主视图放在图样的上面偏左,按冲模正对操作者方向绘制,采取剖面画法,一般按模具闭合状态绘制,在上、下模间有一完成的冲压件,断面涂红或涂黑。主视图是模具装配图的主体部分,应尽量在主视图上将结构表达清楚,力求将凸、凹模形状画完整。

剖视图的画法一般按国家机械制图标准的规定执行,但也有一些行业习惯和特殊画法,如在冲模图样中,为了减少局部视图,在不影响剖视图表达剖面迹线通过部分结构的情况下,可将剖面迹线以外部分旋转或平移到剖视图上(如螺钉和销钉可各画一半)。

(2)俯视图。俯视图通常布置在图样的下面偏左,与主视图相对应。通过俯视图可以了解冲模零件的平面布置、排样方法,以及凹模的轮廓形状等。习惯上将上模部分拿去,只反映模具的下模俯视可见部分;或将上模的左半部分去掉,只画下模,而右半部分保留上模,画俯视图。

俯视图上,制件图和排样图的轮廓用双点画线表示。图上应标注必要的尺寸,如模具闭合尺寸(主视图为开式则写入技术要求中)、模架外形尺寸、模柄直径等,不标注配合尺寸和形位公差。

(3)制件图和排样图。制件图和排样图通常画在图样的右上角,注明制件的材料、规格以及制件的尺寸和公差等。若图面位置不够可另立一页。

对于多工序成形的制件,除绘出本工序的制件图外,还应绘出上道工序的半成品图,将其画在本工序制件图的左边。此外,对于有落料工序的模具装配图,还应绘出排样图。排样图布置在制件图的下方,并标明条料宽度、公差、步距和搭边值。

制件图和排样图应按比例绘出,一般与模具图的比例一致,特殊情况可放大或缩小。它们的方位应与冲压方向一致,若不一致,必须用箭头指明冲压方向。

(4)标题栏和零件明细表。标题栏和零件明细表布置在图样右下角,并按国家机械制图标准的规定填写。零件明细表应包括件号、名称、数量、材料、热处理、标准零件代号及规格、备注等内容。模具图中的所有零件都应详细填写在明细表中。

(5)技术要求。装配图的技术要求布置在图纸下部适当位置。其内容包括:① 凸、凹模间隙;② 模具闭合高度(主视图为非工作状态时);③ 该模具的特殊要求;④ 其他,按本行业国标或厂标执行。

2. 冲模零件图

冲模的零件主要包括工作零件(如凸模、凹模、凸凹模等)、支承零件(如固定板、卸料板、定位板等)、标准件(如螺钉、销钉等)及模架、弹簧等。

零件图的绘制和标注应符合国家机械制图标准的规定,要注明全部尺寸、公差配合、形位公差、表面粗糙度、材料、热处理要求及其他技术要求。冲模零件在图样上的方向应尽量按该零件在装配图中的方位画出,不要随意旋转或颠倒,以防画错,影响装配;对凸模、凹模配制加工,其配制尺寸可不标公差,仅在该标称尺寸右上角注上符号"＊",并在技术条件中说明:标有"＊"的尺寸按凸模(或凹模)配制,保证间隙若干即可。

3. 冲压工艺卡和工作零件机械加工工艺过程卡

(1)冲压工艺卡。冲压工艺卡是以工序为单位,说明整个冲压加工工艺过程的工艺文件,包括:①制件的材料、规格、质量;②制件简图或工序简图;③制件的主要尺寸;④各工序所需的设备和工装(模具);⑤检验及工具、时间定额等。

(2)工作零件机械加工工艺过程卡。工作零件机械加工工艺过程卡指凸模、凹模或凸凹模的机械加工工艺过程,包括该零件的整个工艺路线,经过的车间,各工序名称、工序内容,以及使用的设备和工艺装备;若采用成形磨床,应绘出成形磨削工序图;若采用数控线切割加工,应编制数控程序。

4. 设计说明书

设计者除了用工艺文件和图样表达自己的设计结果外,还必须编写设计说明书,用以阐明自己的设计观点、方案的优劣、依据和过程。其主要内容如下:

(1)目录。

(2)设计任务书及产品图。

(3)序言。

(4)制件的工艺性分析。

(5)冲压工艺方案的制订。

(6)模具结构形式的论证及确定。

(7)排样图设计及材料利用率计算。

(8)工序压力计算及压力中心确定。

(9)冲压设备的选择及校核。

(10)模具零件的选用、设计及必要的计算。

(11)模具工作零件刃口尺寸及公差的计算。

(12)其他需要说明的问题。

(13)主要参考文献。

说明书中应附冲模结构等必要的简图。所选参数及所用公式应注明出处,并说明式中各符号所代表的意义和单位(一律采用法定计量单位)。

说明书最后(即内容(13))应附有参考文献,包括作者、书刊名称、出版社、出版年份。在说明书中引用所列参考资料时,只需在方括号里注明其序号及页数,如:见文献[7]P221。

2.3 冲模设计题目汇编

1. 罩杯

罩杯如图 2.1 所示,材料为 08Al,板厚为 0.9 mm,生产批量为 40 万件/年。

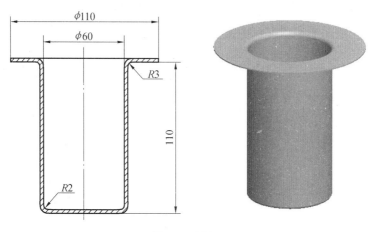

图 2.1 罩杯

2. 杯形外壳

杯形外壳如图 2.2 所示,材料为 08Al,板厚为 0.8 mm,生产批量为 40 万件/年。

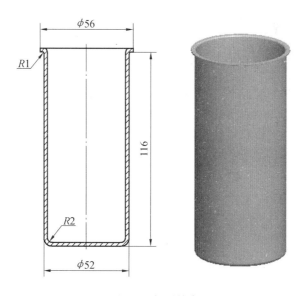

图 2.2 杯形外壳

3. 锥形罩

锥形罩如图 2.3 所示,材料为 08Al,板厚为 0.9 mm,生产批量为 50 万件/年。

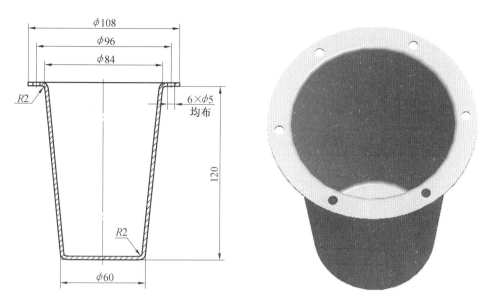

图 2.3   锥形罩

4. 扬声器架

扬声器架如图 2.4 所示,材料为 08Al,板厚为 0.7 mm,生产批量为 60 万件/年。

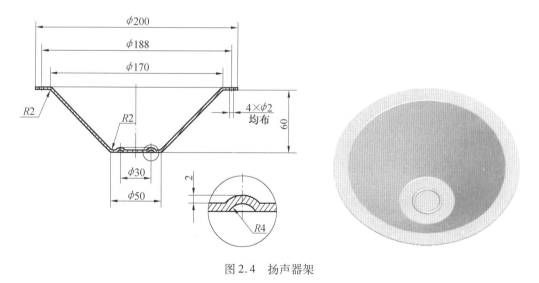

图 2.4   扬声器架

5. 支承罩

支承罩如图 2.5 所示,材料为 08Al,板厚为 0.9 mm,生产批量为 40 万件/年。

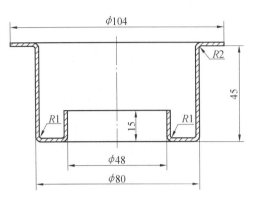
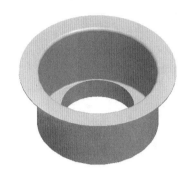

图 2.5　支承罩

6.方罩

方罩如图 2.6 所示,材料为 08Al,板厚为 0.9 mm,生产批量为 40 万件/年。

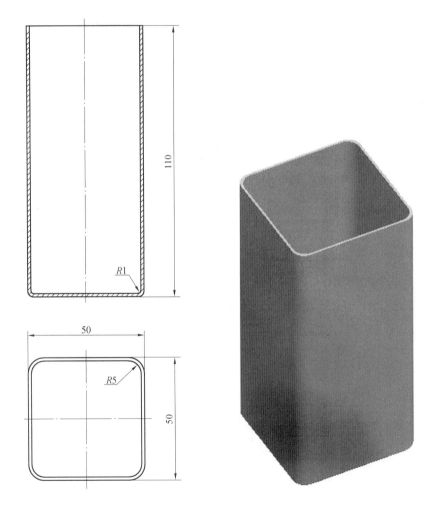

图 2.6　方罩

7. 双向接头

双向接头如图 2.7 所示,材料为 08Al,板厚为 0.9 mm,生产批量为 50 万件/年。

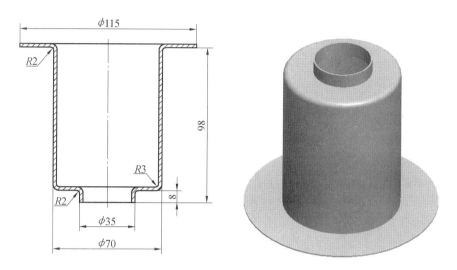

图 2.7 双向接头

8. 连接件

连接件如图 2.8 所示,材料为 08Al,板厚为 0.9 mm,生产批量为 50 万件/年。

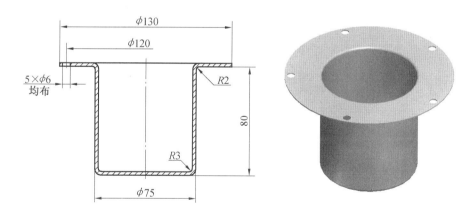

图 2.8 连接件

9. 帽件

帽件如图 2.9 所示,材料为 08Al,板厚为 0.9 mm,生产批量为 50 万件/年。

10. 带法兰圆筒形件

带法兰圆筒形件如图 2.10 所示,材料为 08Al,板厚为 0.9 mm,生产批量为 50 万件/年。

11. 杯桶

杯桶如图 2.11 所示,材料为 08Al,板厚为 0.8 mm,生产批量为 50 万件/年。

12. 支架

支架如图 2.12 所示,材料为 08Al,板厚为 0.9 mm,生产批量为 50 万件/年。

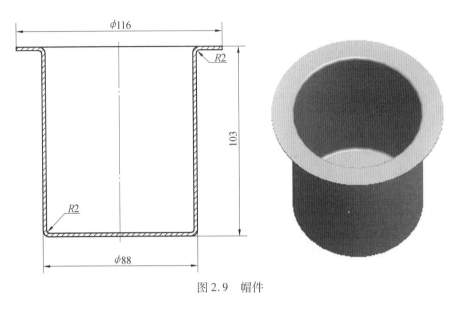

图 2.9　帽件

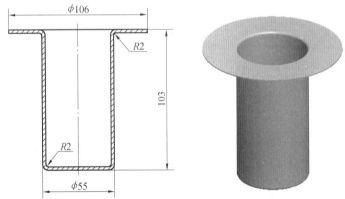

图 2.10　带法兰圆筒形件

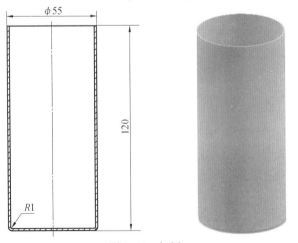

图 2.11　杯桶

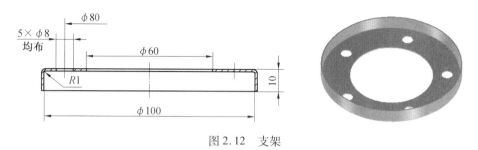

图 2.12 支架

13. 定位接头

定位接头如图 2.13 所示,材料为 08Al,板厚为 0.9 mm,生产批量为 50 万件/年,零件未注圆角均为 $R1$。

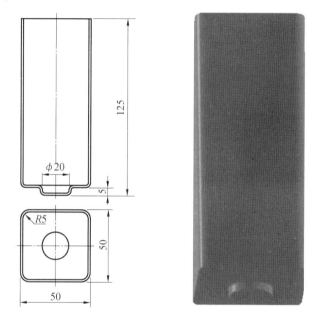

图 2.13 定位接头

14. 锥形件

锥形件如图 2.14 所示,材料为 08Al,板厚为 0.9 mm,生产批量为 50 万件/年。

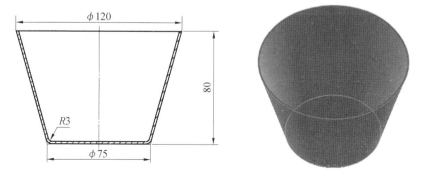

图 2.14 锥形件

15.封头

封头如图2.15所示,材料为08Al,板厚为0.9 mm,生产批量为50万件/年,零件未注圆角均为 R2。

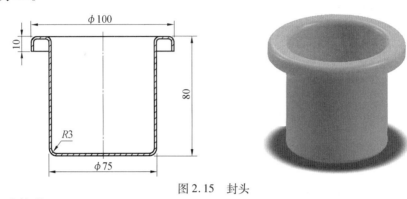

图 2.15 封头

16.连接件

连接件如图2.16所示,材料为08Al,板厚为0.9 mm,生产批量为50万件/年,零件未注圆角均为 R2。

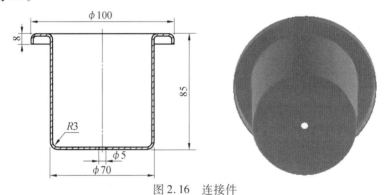

图 2.16 连接件

17.定位接头

定位接头如图2.17所示,材料为08Al,板厚为0.9 mm,生产批量为50万件/年,零件未注圆角均为 R1。

18.锥形头

锥形头如图2.18所示,材料为08Al,板厚为0.9 mm,生产批量为50万件/年。

19.封头

封头如图2.19所示,材料为08Al,板厚为0.9 mm,生产批量为50万件/年,零件未注圆角均为 R2。

20.连接件

连接件如图2.20所示,材料为08Al,板厚为0.9 mm,生产批量为50万件/年,零件未注圆角均为 R2。

21.双向接头

双向接头如图2.21所示,材料为08Al,板厚为0.9 mm,生产批量为50万件/年,零件未注圆角均为 R2。

图 2.17　定位接头

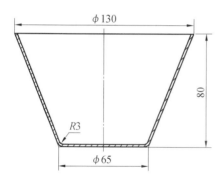

图 2.18　锥形头

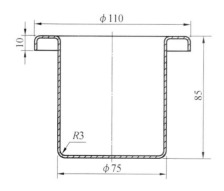

图 2.19　封头

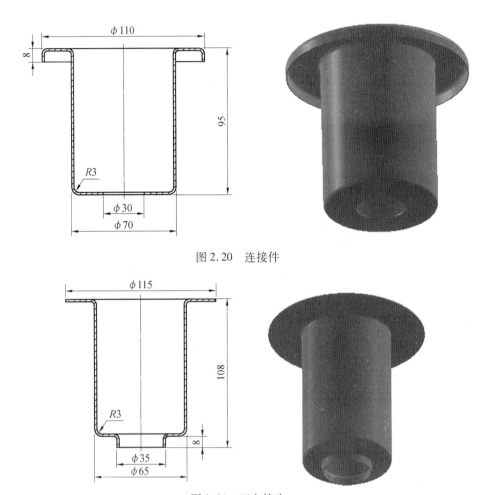

图 2.20 连接件

图 2.21 双向接头

22. 连接件

连接件如图 2.22 所示,材料为 08Al,板厚为 0.9 mm,生产批量为 50 万件/年,零件未注圆角均为 $R2$。

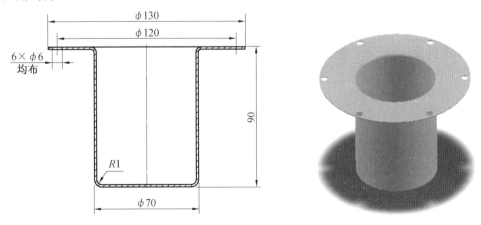

图 2.22 连接件

23. 帽件

帽件如图 2.23 所示,材料为 08Al,板厚为 0.9 mm,生产批量为 50 万件/年,零件未注圆角均为 R2。

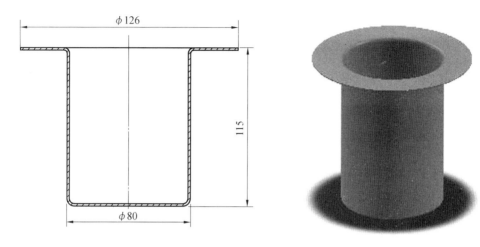

图 2.23 帽件

24. 芯子隔套

芯子隔套如图 2.24 所示,材料为 08Al,板厚为 0.9 mm,生产批量为 50 万件/年。

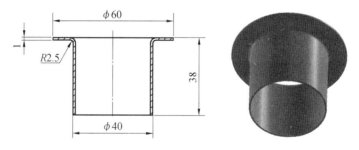

图 2.24 芯子隔套

25. 罩盖

罩盖如图 2.25 所示,材料为 08Al,板厚为 1.0 mm,生产批量为 50 万件/年。

26. 罩

罩如图 2.26 所示,材料为 08Al,板厚为 1.5 mm,生产批量为大批量。

27. 甩油盘

甩油盘如图 2.27 所示,材料为 Q235,板厚为 1.2 mm,生产批量为大批量,零件未注圆角均为 R3。

28. 阶梯壳体

阶梯壳体如图 2.28 所示,材料为 08F,板厚为 1.6 mm,生产批量为大批量。

29. 盖

盖如图 2.29 所示,材料为 Q235,板厚为 1 mm,生产批量为大批量,零件未注圆角均为 R1。

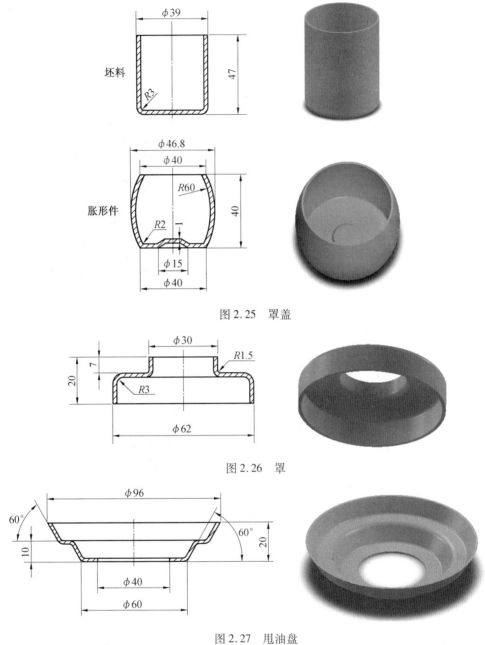

坯料

胀形件

图 2.25 罩盖

图 2.26 罩

图 2.27 甩油盘

30. 锥形盖

锥形盖如图 2.30 所示,材料为 08F 钢,板厚为 1.5 mm,零件精度 IT12,生产批量为大批量。

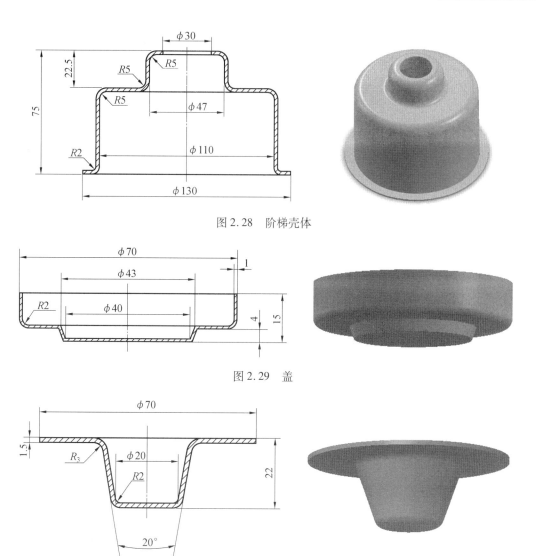

图 2.28 阶梯壳体

图 2.29 盖

图 2.30 锥形盖

第3章 冲裁模设计

3.1 材料利用率及排样时搭边值的选择

1. 材料利用率的计算

材料利用率是用冲裁件的面积与所用材料面积的百分比来表示的。

（1）一个进距内的材料利用率。

根据冲裁件在条料上的布置方式（即排样图），一个进距内的材料利用率为

$$\eta = \frac{nF_0}{Bh} \times 100\% \tag{3.1}$$

式中　　η——一个进距内的材料利用率；

　　　　F_0——冲裁件的面积（有时也包括结构废料），mm^2；

　　　　B——条料宽度，mm；

　　　　n——一个进距内冲裁件的数目；

　　　　h——送料进距，mm。

（2）条料利用率和板料利用率。

根据冲裁件在板料或条料上的布置方式（即排样图），一张板料或一段定长条料上材料利用率 $\eta_{总}$ 为

$$\eta_{总} = \frac{n_{总} \times F_0}{A \times B} \times 100\% \tag{3.2}$$

式中　　F_0——冲裁件的面积（有时也包括结构废料），mm^2；

　　　　$n_{总}$——板（条）料上冲压件总数目；

　　　　A——板（条）料长度，mm；

　　　　B——板（条）料宽度，mm。

2. 搭边值的选择及条料宽度的确定

（1）搭边值的选择。

搭边值的选择见表3.1。

（2）条料宽度的确定。

条料宽度的确定原则是:最小条料宽度要保证冲裁时工件周边有足够的搭边值,最大条料宽度要能在冲裁时顺利地在导料板（导尺）之间送进,并与导料板之间有一定的间隙。

表 3.1　最小工艺搭边 a 和 a_1 的数值(低碳钢)　　　　　　　　　　　　mm

材料厚度 t/mm	圆件及 $r > 2t$ 的圆角		矩形件边长 $L \leqslant 50$ mm		矩形件边长 $L > 50$ mm 或圆角 $r \leqslant 2t$	
	工件间 a_1	沿边 a	工件间 a_1	沿边 a	工件间 a_1	沿边 a
0.25 以下	1.8	2.0	2.2	2.5	2.8	3.0
0.25 ~ 0.5	1.2	1.5	1.8	2.0	2.2	2.5
0.5 ~ 0.8	1.0	1.2	1.5	1.8	1.8	2.0
0.8 ~ 1.2	0.8	1.0	1.2	1.5	1.5	1.8
1.2 ~ 1.6	1.0	1.2	1.5	1.8	1.8	2.0
1.6 ~ 2.0	1.2	1.5	1.8	2.0	2.0	2.2
2.0 ~ 2.5	1.5	1.8	2.0	2.2	2.2	2.5
2.5 ~ 3.0	1.8	2.2	2.2	2.5	2.5	2.8
3.0 ~ 3.5	2.2	2.5	2.5	2.8	2.8	3.2
3.5 ~ 4.0	2.5	2.8	2.8	3.2	3.2	3.5
4.0 ~ 5.0	3.0	3.5	3.5	4.0	4.0	4.5
5.0 ~ 12	$0.6t$	$0.7t$	$0.7t$	$0.8t$	$0.8t$	$0.9t$

注:对于其他材料,应将表中数值乘以下列系数:中等硬度的钢,系数为 0.9;硬钢,系数为 0.8;硬黄铜,系数为 1 ~ 1.1;硬铝,系数为 1 ~ 1.2;软黄铜、紫铜,系数为 1.2;铝,系数为 1.3 ~ 1.4;非金属(皮革、纸、纤维板),系数为 1.5 ~ 2

① 无侧压(图 3.1(a))。

当条料在无侧压装置的导料板之间送料时,条料宽度的计算公式为

$$B_{-\Delta}^{0} = \left[D + 2(a + \Delta) + c_1 \right]_{-\Delta}^{0} \tag{3.3}$$

导尺间距离为

$$S = B + c_1 = D + 2(a + \Delta + c_1) \tag{3.4}$$

式中　B——条料标称宽度,mm;

　　　D——工件垂直于送料方向的最大尺寸,mm;

　　　a——侧搭边的最小值,mm,见表 3.1;

　　　Δ——条料宽度的公差,mm,见表 3.2;

　　　c_1——条料与导料板间的单向最小间隙,mm,见表 3.3。

② 有侧压(图 3.1(b))。

当导料板之间有侧压装置时,条料宽度的计算公式为

$$B_{-\Delta}^{0} = (D + 2a + \Delta)_{-\Delta}^{0} \tag{3.5}$$

导料板间距离为

$$S = B + c_1 = D + 2a + \Delta + c_1 \tag{3.6}$$

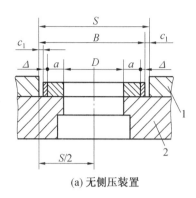 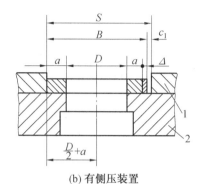

(a) 无侧压装置   (b) 有侧压装置

图 3.1 　条料宽度的确定

1— 导料板;2— 凹模

表 3.2　剪切条料宽度公差 Δ　　　　　　　　　mm

条料宽度 B	材　料　　厚　　度			
	$\leqslant 1$	$1 \sim 2$	$2 \sim 3$	$3 \sim 5$
50 以下	0.4	0.5	0.7	0.9
50 ～ 100	0.5	0.6	0.8	1.0
100 ～ 150	0.6	0.7	0.9	1.1
150 ～ 220	0.7	0.8	1.0	1.2
220 ～ 300	0.8	0.9	1.1	1.3

注:表中数值系用龙门剪床下料

表 3.3　条料与导料板之间的最小间隙 c_1　　　　　　　mm

条料厚度	条　料　宽　度				
	无侧压装置			有侧压装置	
	$\leqslant 100$	$100 \sim 200$	$200 \sim 300$	$\leqslant 100$	> 100
1 以下	0.5	0.5	1	5	8
1 ～ 5	0.5	1	1	5	8

③ 有侧刃(图 3.2)。

当模具有侧刃时,条料宽度的计算公式为

$$B_{-\Delta}^{0} = (L + 2a' + nb_1)_{-\Delta}^{0} = (L + 1.5a + nb_1)_{-\Delta}^{0} \quad (a' = 0.75a) \quad (3.7)$$

导料板间距离为

$$S_1 = L + 1.5a + nb_1 + 2c_1 \quad (3.8)$$

$$S_1' = L + 1.5a + 2c_1' \quad (3.9)$$

式中　　n—— 侧刃数;

　　　　b_1—— 侧刃冲切的料边宽度,mm,见表 3.4;

　　　　c_1'—— 冲切后条料宽度与导料板间的单向间隙,mm,见表 3.4。

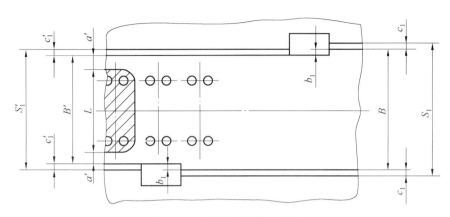

图 3.2　有侧刃时的条料宽度

表 3.4　b_1、c_1' 值　　　　　　　　　　　　　　mm

材料厚度	b_1		c_1'
t	金属材料	非金属材料	
1.5 以下	1.5	2	0.10
1.5 ~ 2.5	2.0	3	0.15
2.5 ~ 3	2.5	4	0.20

3. 进距的确定

每次只冲一个零件的进距 h 的计算公式为

$$h = D + a_1 \tag{3.10}$$

式中　　D—— 平行于送料方向工件的宽度,mm;

　　　　a_1—— 冲件之间的搭边值,mm。

两次冲裁之间的进距如图 3.3 所示。

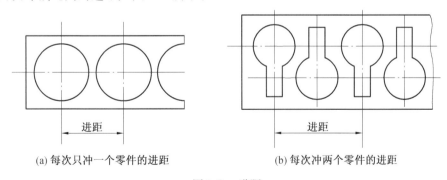

(a) 每次只冲一个零件的进距　　　　　　　(b) 每次冲两个零件的进距

图 3.3　进距

3.2　冲裁力和冲裁功的计算

冲裁力和冲裁功的计算在冲裁工艺和冲模设计中是一个重要环节。

1. 冲裁力计算

冲裁力的计算分平刃冲裁和斜刃冲裁两种。

（1）平刃冲裁。

平刃口冲裁力的计算公式为

$$P_{冲} = 1.3Lt\tau \approx LtR_{m} \tag{3.11}$$

式中　$P_{冲}$——冲裁力，N；

L——冲裁件周边长，mm；

t——冲裁件厚度，mm；

τ——材料抗剪强度，MPa，常取抗剪强度为抗拉强度的 80%，即 $\tau = 0.8R_{m}$；

R_{m}——材料抗拉强度，MPa，可查表 3.5 或有关资料。

表 3.5　深拉深冷轧薄钢板的力学性能

钢号	拉深级别	钢板厚度 t/mm	抗拉强度 R_{m}/MPa	屈服强度 R_{eL}/MPa	伸长率 $A_{11.3}$/%
08Al	ZF	全部	255 ~ 324	≤ 196	≥ 44
	HF	全部	255 ~ 333	≤ 206	≥ 42
	F	> 1.2	255 ~ 343	≤ 316	≥ 39
		1.2		≤ 216	≥ 42
		< 1.2		≤ 235	≥ 42
08F	Z	≤ 4	275 ~ 363	—	≥ 34
	S		275 ~ 383	—	≥ 32
	P		275 ~ 383	—	≥ 30
08	Z	≤ 4	275 ~ 392	—	≥ 32
	S		275 ~ 412	—	≥ 30
	P		275 ~ 412	—	≥ 28
10	Z	≤ 4	294 ~ 412	—	≥ 30
	S		294 ~ 432	—	≥ 29
	P		294 ~ 432	—	≥ 28
15	Z	≤ 4	333 ~ 451	—	≥ 27
	S		333 ~ 471	—	≥ 26
	P		333 ~ 471	—	≥ 25
20	Z	≤ 4	353 ~ 490	—	≥ 26
	S		353 ~ 500	—	≥ 25
	P		353 ~ 500	—	≥ 24

注：1. 铝镇静钢 08Al 按其拉深质量分为三级：ZF—拉深最复杂零件；HF—拉深很复杂零件；F—拉深复杂零件

2. 其他深冲薄钢板（包括热轧板）按冲压性能分级为：Z—最深拉深级；S—深拉深级；P—普通拉深级

（2）斜刃冲裁。

斜刃口冲裁力的计算公式为

$$P_斜 = KP_冲 \tag{3.12}$$

式中　　$P_冲$—— 平端刃口模冲裁时的冲裁力，N；

　　　　K—— 斜刃冲裁的减力系数。

当斜刃高

$H = t$ 时，　　　　　　　　　　$K = 0.4 \sim 0.6$

$H = 2t$ 时，　　　　　　　　　$K = 0.2 \sim 0.4$

$H = 3t$ 时，　　　　　　　　　$K = 0.1 \sim 0.25$

一般情况下，斜角 φ 不大于 $12°$，当

$t < 3$ mm，$H = 2t$ 时，　　　　　$\varphi < 5°$

$t = 3 \sim 10$ mm，$H = t$ 时，　　　$\varphi < 8°$

2. 冲裁功

平端刃口的冲裁功的计算公式为

$$W = \frac{mP_冲 t}{1\ 000} \tag{3.13}$$

式中　　W—— 冲裁功，N·m；

　　　　$P_冲$—— 冲裁力，N；

　　　　t—— 材料厚度，mm；

　　　　m—— 系数，与材料性能有关，一般取 $m = 0.63$。

3. 卸料力、推件力和顶件力的计算

卸料力为

$$P_卸 = K_卸 P_冲 \tag{3.14}$$

推件力为

$$P_推 = nK_推 P_冲 \tag{3.15}$$

顶件力为

$$P_顶 = K_顶 P_冲 \tag{3.16}$$

式中　　$P_卸$—— 卸料力，N；

　　　　$P_推$—— 推件力，N；

　　　　$P_顶$—— 顶件力，N；

　　　　n—— 同时卡在凹模内的零件（或废料）数目，$n = h/t$；

　　　　h—— 凹模孔口直壁的高度，mm；

　　　　$K_卸$、$K_推$、$K_顶$—— 卸料、推件力、顶件力的系数，其值见表 3.6。

冲裁时，所需冲压力为冲裁力、卸料力和推件力之和，这些力在选择压力机时是否要考虑进去，应根据不同的模具结构区别对待。

采用刚性卸料装置和下出料方式的冲裁模的总冲压力为

$$P_总 = P_冲 + P_推 \tag{3.17}$$

采用弹性卸料装置和下出料方式的冲裁模的总冲压力为

$$P_{\text{总}} = P_{\text{冲}} + P_{\text{卸}} + P_{\text{推}} \qquad (3.18)$$

采用弹性卸料装置和上出料方式的冲裁模的总冲压力为

$$P_{\text{总}} = P_{\text{冲}} + P_{\text{卸}} + P_{\text{顶}} \qquad (3.19)$$

表 3.6   系数 $K_{\text{卸}}$、$K_{\text{推}}$、$K_{\text{顶}}$ 的数值

材料厚度 /mm		$K_{\text{卸}}$	$K_{\text{推}}$	$K_{\text{顶}}$
钢	≤ 0.1	0.065 ~ 0.075	0.1	0.14
	0.1 ~ 0.5	0.045 ~ 0.055	0.065	0.08
	0.5 ~ 2.5	0.04 ~ 0.05	0.055	0.06
	2.5 ~ 6.5	0.03 ~ 0.04	0.045	0.05
	> 6.5	0.02 ~ 0.03	0.025	0.03
铝、铝合金		0.025 ~ 0.08	0.03 ~ 0.07	
紫铜、黄铜		0.02 ~ 0.06	0.03 ~ 0.09	

注:卸料力系数 $K_{\text{卸}}$ 在冲多孔、大搭边和轮廓复杂时取上限值

3.3   凸、凹模间隙值的确定

凸、凹模间隙是冲裁模设计的关键参数,一般主要考虑材料的性能和毛坯的厚度,所以,确定凸、凹模间隙有理论计算法和直接查表法确定间隙值两种方法。

1. 理论计算法

根据冲裁过程中上、下裂缝会合的几何关系(图 3.4 中直角三角形 ABD),得出合理间隙的计算公式:

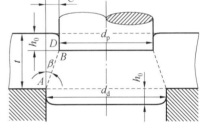

$$C = (t - h_0)\tan\beta = t(1 - h_0/t)\tan\beta \qquad (3.20)$$

式中 C——冲裁单面间隙,mm;

t——板料厚度,mm;

h_0/t——裂纹产生时凸模相对压入深度,mm/mm;

图 3.4   理论间隙计算图

β——裂纹与垂线间的夹角,(°)。

h_0/t、β 与材料性质有关,表 3.7 为常用材料的 h_0/t 与 β 的近似值。

表 3.7   常用材料的 h_0/t 与 β 值

材料	$h_0/t \times 100$				β
	$t < 1$ mm	$t = 1 \sim 2$ mm	$t = 2 \sim 4$ mm	$t > 4$ mm	
软钢	75 ~ 70	70 ~ 65	65 ~ 55	50 ~ 40	5° ~ 6°
中硬钢	65 ~ 60	60 ~ 55	55 ~ 48	45 ~ 35	4° ~ 5°
硬钢	54 ~ 47	47 ~ 45	44 ~ 38	35 ~ 25	4°

由于理论计算法在生产中使用不方便,所以目前普遍使用直接查表法确定凸、凹模间隙。

2. 直接查表法

对断面质量与冲裁件尺寸精度要求较高时,可选用较小间隙值,见表 3.8;对断面质量与冲裁件尺寸精度要求一般时,可选用较大的间隙值,见表 3.9;对于精度低于 IT14 级,断面质量无特殊要求的冲裁件,为了提高冲模寿命,可选用大间隙,见表 3.10。

表 3.8　冲裁模较小初始双面间隙 $2C$　　　　　　　　mm

材料厚度 t	软　铝		紫铜、黄铜、软钢 ($w(C) = 0.08\% \sim 0.2\%$)		硬铝、中等硬钢 ($w(C) = 0.3\% \sim 0.4\%$)		硬　钢 ($w(C) = 0.5\% \sim 0.6\%$)	
	$2C_{min}$	$2C_{max}$	$2C_{min}$	$2C_{max}$	$2C_{min}$	$2C_{max}$	$2C_{min}$	$2C_{max}$
0.2	0.008	0.012	0.010	0.014	0.012	0.016	0.014	0.018
0.3	0.012	0.018	0.015	0.021	0.018	0.024	0.021	0.027
0.4	0.016	0.024	0.020	0.028	0.024	0.032	0.028	0.036
0.5	0.020	0.030	0.025	0.035	0.030	0.040	0.035	0.045
0.6	0.024	0.036	0.030	0.042	0.036	0.048	0.042	0.054
0.7	0.028	0.042	0.035	0.049	0.042	0.056	0.049	0.063
0.8	0.032	0.048	0.040	0.056	0.048	0.064	0.056	0.072
0.9	0.036	0.054	0.045	0.063	0.054	0.072	0.063	0.081
1.0	0.040	0.060	0.050	0.070	0.060	0.080	0.070	0.090
1.2	0.050	0.084	0.072	0.096	0.084	0.108	0.096	0.120
1.5	0.075	0.105	0.090	0.120	0.105	0.135	0.120	0.150
1.8	0.090	0.126	0.108	0.144	0.126	0.162	0.144	0.180
2.0	0.100	0.140	0.120	0.160	0.140	0.180	0.160	0.200
2.2	0.132	0.176	0.154	0.198	0.176	0.220	0.198	0.242
2.5	0.150	0.200	0.175	0.225	0.200	0.250	0.225	0.275
2.8	0.168	0.224	0.196	0.252	0.224	0.280	0.252	0.308
3.0	0.180	0.240	0.210	0.270	0.240	0.300	0.270	0.330
3.5	0.245	0.315	0.280	0.350	0.315	0.385	0.350	0.420
4.0	0.280	0.360	0.320	0.400	0.360	0.440	0.400	0.480
4.5	0.315	0.405	0.360	0.450	0.405	0.490	0.450	0.540
5.0	0.350	0.450	0.400	0.500	0.450	0.550	0.500	0.600
6.0	0.480	0.600	0.540	0.660	0.600	0.720	0.660	0.780
7.0	0.560	0.700	0.630	0.770	0.700	0.840	0.770	0.910
8.0	0.720	0.880	0.800	0.960	0.880	1.040	0.960	1.120
9.0	0.870	0.990	0.900	1.080	0.990	1.170	1.080	1.260
10.0	0.900	1.100	1.000	1.200	1.100	1.300	1.200	1.400

注:1. 初始间隙的最小值相当于间隙的公称数值,即设计间隙

2. 初始间隙的最大值是考虑到凸模和凹模的制造公差所增加的数值

3. 在使用过程中,由于模具工作部分的磨损,间隙将有所增加,因而超过表列数值

4. 本表间隙值常用于电子、仪器、仪表、精密机械等对冲裁件尺寸精度要求较高的行业

5. "C" 为单面间隙

6. $w(C)$ 为碳的质量分数

表 3.9　冲裁模较大初始双面间隙 $2C$　　　　　　　　　　　　　mm

材料厚度 t	08、10、35、09Mn、Q235		16Mn		40、50		65Mn	
	$2C_{min}$	$2C_{max}$	$2C_{min}$	$2C_{max}$	$2C_{min}$	$2C_{max}$	$2C_{min}$	$2C_{max}$
小于 0.5	极　小　间　隙							
0.5	0.040	0.060	0.040	0.060	0.040	0.060	0.040	0.060
0.6	0.048	0.072	0.048	0.072	0.048	0.072	0.048	0.072
0.7	0.064	0.092	0.064	0.092	0.064	0.092	0.064	0.092
0.8	0.072	0.104	0.072	0.104	0.072	0.104	0.064	0.092
0.9	0.090	0.126	0.090	0.126	0.090	0.126	0.090	0.126
1.0	0.100	0.140	0.100	0.140	0.100	0.140	0.090	0.126
1.2	0.126	0.180	0.132	0.180	0.132	0.180		
1.5	0.132	0.240	0.170	0.240	0.170	0.240		
1.75	0.220	0.320	0.220	0.320	0.220	0.320		
2.0	0.246	0.360	0.260	0.380	0.260	0.380		
2.1	0.260	0.380	0.280	0.400	0.280	0.400		
2.5	0.360	0.500	0.380	0.540	0.380	0.540		
2.75	0.400	0.560	0.420	0.600	0.420	0.600		
3.0	0.460	0.640	0.480	0.660	0.480	0.660		
3.5	0.540	0.740	0.580	0.780	0.580	0.780		
4.0	0.640	0.880	0.680	0.920	0.680	0.920		
4.5	0.720	1.000	0.680	0.960	0.780	1.040		
5.5	0.940	1.280	0.780	1.100	0.980	1.320		
6.0	1.080	1.440	0.840	1.200	1.140	1.500		
6.5			0.940	1.300				
8.0			1.200	1.680				

注：1. 冲裁皮革、石棉和纸板时，间隙取 08 钢的 25%

　　2. C_{min} 相当于公称间隙

　　3. 本表间隙值常用于汽车、农机和一般机械行业

　　4. "C" 为单面间隙

表 3.10　冲裁件精度低于 IT14 级时推荐用的冲裁大间隙 $2C$　　　　mm

材料厚度 t/mm	材　料		
	软料 08、10、20、Q235	中硬料 45、2A12、1Cr18NiTi、40Cr13	硬料 T8A、T10A、65Mn
	间隙（双面）		
0.2 ~ 1	$(0.12 \sim 0.18)t$	$(0.15 \sim 0.20)t$	$(0.18 \sim 0.24)t$
1 ~ 3	$(0.15 \sim 0.20)t$	$(0.18 \sim 0.24)t$	$(0.22 \sim 0.28)t$
3 ~ 6	$(0.18 \sim 0.24)t$	$(0.20 \sim 0.26)t$	$(0.24 \sim 0.30)t$
6 ~ 10	$(0.20 \sim 0.26)t$	$(0.24 \sim 0.30)t$	$(0.26 \sim 0.32)t$

注："C" 为单面间隙

3.4 凸、凹模刃口尺寸的计算

为保证模具具有合适的间隙,正确设计凸、凹模刃口尺寸是非常必要的。

1. 凸模与凹模分开加工时刃口尺寸

如图 3.5 所示,为了保证合理的间隙值,凸模制造公差 δ_p、凹模制造公差 δ_d 必须满足下列条件:

$$\delta_p + \delta_d \leqslant 2C_{max} - 2C_{min} \tag{3.21}$$

式中　　C_{min}—— 最小合理间隙(单面),mm;

　　　　C_{max}—— 最大合理间隙(单面),mm。

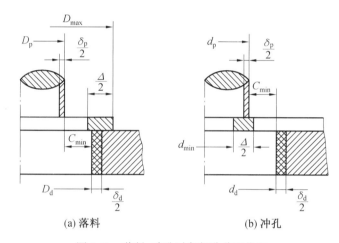

(a) 落料　　　　　　　　　(b) 冲孔

图 3.5　落料、冲孔时各部分分配位置

规则形状(圆形、方形件)凸、凹模的制造公差 δ_p、δ_d 的取值有以下几种方法:

① 按表 3.11 查取;

② 按模具制造精度选取,如 δ_p 按 IT6 选取,δ_d 按 IT7 选取;

③ δ_p 可取制件公差的 $\dfrac{1}{4} \sim \dfrac{1}{5}$,$\delta_d$ 取制件公差的 $\dfrac{1}{4}$;

④ 按下式取值:

$$\delta_p = 0.4(2C_{max} - 2C_{min}), \quad \delta_d = 0.6(2C_{max} - 2C_{min})$$

(1)落料。

$$D_d = (D_{max} - X\Delta)_{0}^{+\delta_d} \tag{3.22}$$

$$D_p = (D_d - 2C_{min})_{-\delta_p}^{0} = (D_{max} - X\Delta - 2C_{min})_{-\delta_p}^{0} \tag{3.23}$$

式中　　D_d、D_p—— 落料凹、凸模刃口尺寸,mm;

　　　　D_{max}—— 落料件上极限尺寸,mm;

　　　　Δ—— 工件制造公差,mm;

　　　　C_{min}—— 凸、凹模最小初始单面间隙,mm;

　　　　X—— 磨损系数,为了使冲裁件的实际尺寸尽量接近冲裁件公差带的中间尺寸,
　　　　　　　　与工件制造精度有关,可查表 3.12,或按下列关系取值。

工件精度为 IT10 级以上时，$X = 1$；

工件精度为 IT11 ~ IT13 级时，$X = 0.75$；

工件精度为 IT14 级以下时，$X = 0.5$。

表 3.11　规则形状(圆形、方形件)冲裁时凸模、凹模的制造公差　　　mm

基本尺寸	凸模公差 δ_p	凹模公差 δ_d	基本尺寸	凸模公差 δ_p	凹模公差 δ_d
≤ 18	0.020	0.020	180 ~ 260	0.030	0.045
18 ~ 30	0.020	0.025	260 ~ 360	0.035	0.050
30 ~ 80	0.020	0.030	360 ~ 500	0.040	0.060
80 ~ 120	0.025	0.035	> 500	0.050	0.070
120 ~ 180	0.030	0.040			

注：1. 当 $\delta_p + \delta_d > 2C_{max} - 2C_{min}$ 时，仅在凸模或凹模图上标注偏差，而另一件则标注配作间隙

　2. 本表公差适用于汽车、拖拉机行业

(2) 冲孔。

冲孔凸模直径为

$$d_p = (d_{min} + X\Delta)_{-\delta_p}^{\ 0} \tag{3.24}$$

冲孔凹模直径为

$$d_d = (d_p + 2C_{min})_0^{+\delta_d} = (d_{min} + X\Delta + 2C_{min})_0^{+\delta_d} \tag{3.25}$$

式中　　d_p、d_d—— 冲孔凸、凹模刃口尺寸，mm；

　　　　d_{min}—— 冲孔件下极限尺寸，mm。

　　　　其余符号意义同上。

表 3.12　磨损系数 X

材料厚度 t/mm	非　圆　形			圆　形	
	1	0.75	0.5	0.75	0.5
	工件公差 Δ/mm				
≤ 1	≤ 0.16	0.17 ~ 0.35	≥ 0.36	< 0.16	≥ 0.16
1 ~ 2	≤ 0.20	0.21 ~ 0.41	≥ 0.42	< 0.20	≥ 0.20
2 ~ 4	≤ 0.24	0.25 ~ 0.49	≥ 0.50	< 0.24	≥ 0.24
> 4	≤ 0.30	0.31 ~ 0.59	≥ 0.60	< 0.30	≥ 0.30

(3) 孔心距。

$$L_d = (L_{min} + 0.5\Delta) \pm 0.125\Delta \tag{3.26}$$

式中　　L_d—— 凹模孔心距尺寸，mm；

　　　　L_{min}—— 工件孔心距下极限尺寸，mm；

　　　　Δ—— 工件孔心距的公差，mm。

2. 凸模和凹模配合加工时刃口尺寸

在冲裁轮廓为复杂形状时，为保证凸模和凹模的间隙在周边都均匀合适，一般采用凸模和凹模配合加工方法。

（1）落料。

应以凹模为基准件，然后配作凸模。

① 磨损后凹模尺寸变大（图 3.6 中用字母 A 表示），可按落料凹模尺寸公式计算。

$$A_d = (A - X\Delta)^{+\delta_d}_{0} \tag{3.27}$$

② 磨损后凹模尺寸变小（图 3.6 中用字母 B 表示），相当于冲孔凸模尺寸。

$$B_d = (B + X\Delta)^{0}_{-\delta_d} \tag{3.28}$$

③ 磨损后凹模尺寸不变（图 3.6 中用字母 C 表示），相当于孔心距。

制件尺寸为 $C^{+\Delta}_{0}$ 时

$$C_d = (C + 0.5\Delta) \pm \delta_d/2 \tag{3.29}$$

制件尺寸为 $C^{0}_{-\Delta}$ 时

$$C_d = (C - 0.5\Delta) \pm \delta_d/2 \tag{3.30}$$

制件尺寸为 $C \pm \Delta'$ 时

$$C_d = C \pm \delta_d/2 \tag{3.31}$$

式中　　A_d、B_d、C_d —— 凹模刃口尺寸，mm；

　　　　A、B、C —— 工件标称尺寸，mm；

　　　　Δ —— 工件公差，mm；

　　　　Δ' —— 工件偏差，mm，对称偏差时，$\Delta' = \Delta/2$；

　　　　δ_d —— 凹模制造偏差，mm，$\delta_d = \Delta/4$。

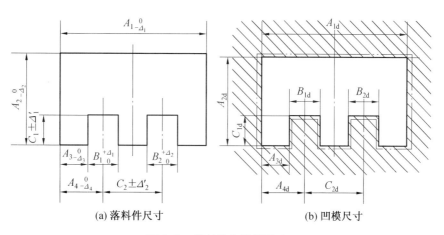

图 3.6　落料件和凹模尺寸

（2）冲孔。

应以凸模为基准件，然后配作凹模。

① 磨损后凸模尺寸变小（图 3.7 中用字母 A 表示），可按冲孔凸模尺寸公式计算。

$$A_p = (A + X\Delta)^{0}_{-\delta_p} \tag{3.32}$$

② 磨损后凸模尺寸变大（图 3.7 中用字母 B 表示），可按落料凹模尺寸公式计算。

$$B_p = (B - X\Delta)^{+\delta_p}_{0} \tag{3.33}$$

③ 磨损后凸模尺寸不变（图 3.7 中用字母 C 表示），相当于孔心距。

制件尺寸为 $C_0^{+\Delta}$ 时

$$C_\mathrm{p} = (C + 0.5\Delta) \pm \delta_\mathrm{p}/2 \tag{3.34}$$

制件尺寸为 $C_{-\Delta}^{0}$ 时

$$C_\mathrm{p} = (C - 0.5\Delta) \pm \delta_\mathrm{p}/2 \tag{3.35}$$

制件尺寸为 $C \pm \Delta'$ 时

$$C_\mathrm{p} = C \pm \delta_\mathrm{p}/2 \tag{3.36}$$

式中　　A_p、B_p、C_p——凸模刃口尺寸,mm;

　　　　δ_p——凸模制造偏差,mm,$\delta_\mathrm{p} = \Delta/4$。

　　　　其余符号意义同前。

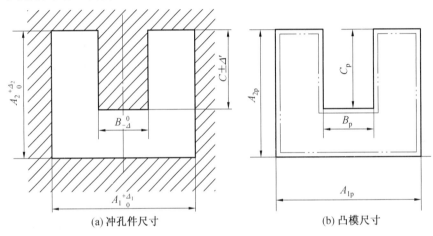

(a) 冲孔件尺寸　　　　　　　　　　(b) 凸模尺寸

图 3.7　冲孔件和凸模尺寸

3.5　冲模零件设计

1. 冲模零件的分类

无论模具结构形式如何,一般都是由固定和活动两部分组成。固定部分是用压铁、螺栓等紧固件固定在压力机的工作台面上,称下模;活动部分一般固定在压力机的滑块上,称上模。上模随着滑块做上、下往复运动,从而进行冲压工作。

根据模具零件的作用又可以将其分成 5 种类型的零件。

（1）工作零件。完成冲压工作的零件,如凸模、凹模、凸凹模等。

（2）定位零件。这些零件的作用是保证送料时有良好的导向和控制送料的进距,如挡料销、定距侧刀、导正销、定位板、导料板、侧压板等。

（3）卸料、推件零件。这些零件的作用是保证在冲压工序完毕后将制件和废料排除,以保证下一次冲压工序顺利进行,如推件器、卸料板、废料切刀等。

（4）导向零件。这些零件的作用是保证上模与下模相对运动时有精确的导向,使凸模、凹模间有均匀的间隙,提高冲压件的质量,如导柱、导套等。

（5）安装、固定零件。这些零件的作用是使上述四部分零件连接成"整体",保证各零件间的相对位置,并使模具能安装在压力机上,如上模板、下模板、模柄、固定板、垫板、螺钉、圆柱销等。

由此可见,在看模具图,尤其是复杂模具图时,应从上述 5 个方面去识别模具上的各个零件。当然并不是所有模具都必须具备上述 5 部分零件。对于试制或小批量生产的情况,为了缩短生产周期、节约成本,可把模具简化成只有工作部分的零件,如凸模、凹模和几个固定部分零件;而对于大批量生产的情况,为了提高生产率,除做成包括上述零件的冲模外,还附加自动送、退料装置等。

2. 工作零件

(1) 凸模、凹模的固定形式。

如图 3.8 中(a)、(b)、(g)、(h)是直接固定在模板上的零件,其中图 3.8(b)、3.8(h)一般用于中型和大型零件,图 3.8(a)、3.8(g)常用于冲压数量较少的简单模;图 3.8(c)、3.8(i) 所示凸模(凹模)与固定板用 $\dfrac{H7}{m6}$ 配合,上面留有台阶。这种形式多在零件形状简单、板材较厚时采用;图 3.8(d) 所示是采用铆接,凸模上无台阶,全部长度尺寸形状相同,装配时上面铆开然后磨平。这种形式适用于形状较复杂的零件,加工凸模时便于全长一起磨削,如图 3.8(j) 所示是仅靠 $\dfrac{H7}{r6}$ 配合固紧,一般只在冲压小件时使用;如图 3.8 中(e)、(f)、(k)是快速更换凸模(凹模)的固定形式。对多凸模(凹模)冲模,其中个别凸模(凹模)特别易损,需经常更换,此时采用这种形式更换易损凸模(凹模)较方便。

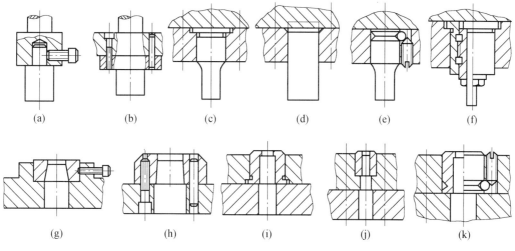

(a)   (b)   (c)   (d)   (e)   (f)

(g)   (h)   (i)   (j)   (k)

图 3.8 凸模、凹模的固定形式

(2) 凹模刃口形式。

凹模刃口通常有如图 3.9 所示的几种形式。

图 3.9(a) 的特点是刃边强度较好。刃磨后工作部分尺寸不变,但洞口易积存废料或制件,推件力大且磨损大,刃磨时磨去的尺寸较多。一般用于形状复杂和精度要求较高的制件,对向上出件或出料的模具也采用此刃口形式。

图 3.9(b) 的特点是不易积存废料或制件,对洞口磨损及压力很小,但刃边强度较差,

且刃磨后尺寸稍有增大,不过由于它的磨损小,这种增大不会影响模具寿命。一般适用于形状较简单、冲裁制件精度要求不高、制件或废料向下落的情况。

图 3.9(c)、3.9(d) 与图 3.9(b) 相似,图 3.9(c) 适用于冲裁较复杂的零件,图 3.9(d) 适用于冲裁薄料和凹模厚度较薄的情况。

图 3.9(e) 与图 3.9(a) 相似,适用于上出件或上出料的模具。

图 3.9(f) 适用于冲裁0.5 mm 以下的薄料,且凹模不淬火或淬火硬度不高(HRC 35 ~40),采用这种形式可用手锤敲打斜面以调整间隙,直到试出满意的冲裁件为止。

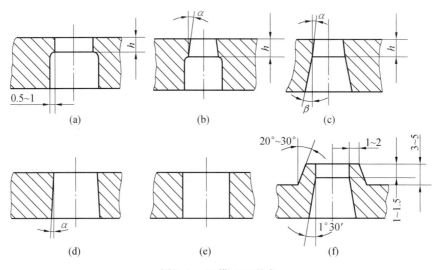

图 3.9　凹模刃口形式

(3) 凹模外形和尺寸的确定。

圆形凹模可从冷冲模国家标准或工厂标准中选用。非标准尺寸的凹模受力状态比较复杂,一般按经验公式概略地计算,如图 3.10 所示。

凹模高度
$$H = Kb \quad (H \geq 15 \text{ mm}) \tag{3.37}$$
凹模壁厚
$$c = (1.5 \sim 2)H \quad (c \geq 30 \sim 40 \text{ mm}) \tag{3.38}$$
式中　b—— 冲裁件最大外形尺寸,mm;
　　　K—— 系数,考虑板材厚度的影响,其值可查表 3.13。

上述方法适用于确定普通工具钢经过正常热处理,并在平面支撑条件下工作的凹模尺寸。冲裁件形状简单时,壁厚系数取偏小值,形状复杂时取偏大值。用于大批量生产条件下的凹模,其高度应该在计算结果中增加总的修磨量。

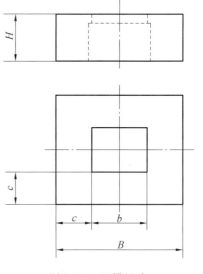

图 3.10　凹模尺寸

表 3.13　系数 K 值

b/mm	材料厚度 t/mm				
	0.5	1	2	3	> 3
≤ 50	0.3	0.35	0.42	0.50	0.60
50 ~ 100	0.2	0.22	0.28	0.35	0.42
100 ~ 200	0.15	0.18	0.20	0.24	0.30
> 200	0.10	0.12	0.15	0.18	0.22

（4）凸模长度确定及其强度核算。

① 凸模长度计算。

凸模的长度一般是根据结构上的需要确定的,如图 3.11 所示。

凸模长度

$$L = h_1 + h_2 + h_3 + a \tag{3.39}$$

式中　　h_1——凸模固定板的厚度,mm;

　　　　h_2——固定卸料板的厚度,mm;

　　　　h_3——导尺厚度,mm;

　　　　a——附加长度,包括凸模的修磨量 6 ~ 12 mm、凸模进入凹模的深度 0.5 ~ 1 mm 及凸模固定板与卸料板之间的安全距离(这一尺寸如无特殊要求,可取 10 ~ 20 mm)等。

凸模长度确定后一般不需做强度核算,只有当凸模特别细长时,才进行凸模的抗弯能力和承压能力的校核。

② 凸模抗弯能力校核。

图 3.12(a) 所示为凸模无导向的情况:

对于非圆形凸模

$$L_{\max} \leqslant 425\sqrt{\frac{I}{P}} \tag{3.40}$$

对于圆形凸模

$$L_{\max} \leqslant 95\frac{d^2}{\sqrt{P}} \tag{3.41}$$

图 3.12(b) 所示为凸模有导向的情况:

对于非圆形凸模

$$L_{\max} \leqslant 1\ 200\sqrt{\frac{I}{P}} \tag{3.42}$$

对于圆形凸模　　$$L_{\max} \leqslant 270\frac{d^2}{\sqrt{P}} \tag{3.43}$$

式中　　$L_{\max}$——凸模允许的最大自由长度,mm;

　　　　P——该凸模的冲裁力,N;

I——凸模最小断面的惯性矩,mm^4;

d——凸模最小直径,mm。

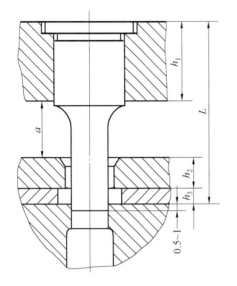

图 3.11　凸模长度

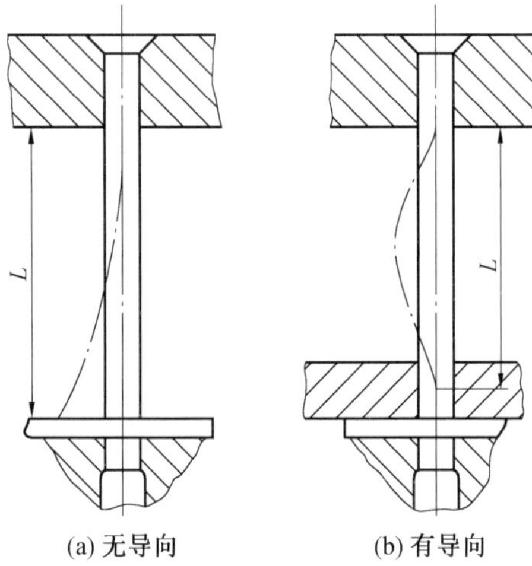

图 3.12　无导向与有导向凸模

(a) 无导向　　　　(b) 有导向

③ 凸模承压能力的校核。

非圆形凸模

$$A_{\min} \geqslant \frac{P}{[\sigma_c]} \tag{3.44}$$

圆形凸模

$$d_{\min} \geqslant \frac{4t\tau}{[\sigma_c]} \tag{3.45}$$

式中　　$A_{\min}$——凸模的最小截面积,mm^2;

　　　　$d_{\min}$——凸模的最小直径,mm;

　　　　P——冲裁力,N;

　　　　t——毛坯厚度,mm;

　　　　τ——毛坯材料抗剪强度,MPa;

　　　　$[\sigma_c]$——凸模材料的许用压应力,MPa。

3.定位零件设计

(1) 导料件。

主要指导料板和侧压板,它对条料或带料送料时起导正作用。导料板的形式如图 3.13 所示。图 3.13(a) 用于有弹性卸料板的情况;图 3.13(b) 用于有固定卸料板的情况;图 3.13(c) 也用于有固定卸料板的情况,只是当条料宽度小于 60 mm 时,卸料板和导料板可做成整体。

侧压板的形式如图 3.14 所示。图 3.14(a) 采用弹簧片侧压,结构较简单,但压力小,常用于料厚在 1 mm 以下的薄料,弹簧片的数量视具体情况而定。图 3.14(b) 采用侧压板,侧压力较大,冲裁厚料时使用,侧压板的数量和安置位置也视具体情况而定。图

3.14(c)中的侧压板侧压力大且均匀,一般只限用于进料口,如果冲裁工位较多,则在末端起不到压料作用。图 3.14(d)中的侧压装置能保证中心位置不变,不受条料宽度误差的影响,常用于无废料排样上,但此结构较为复杂。

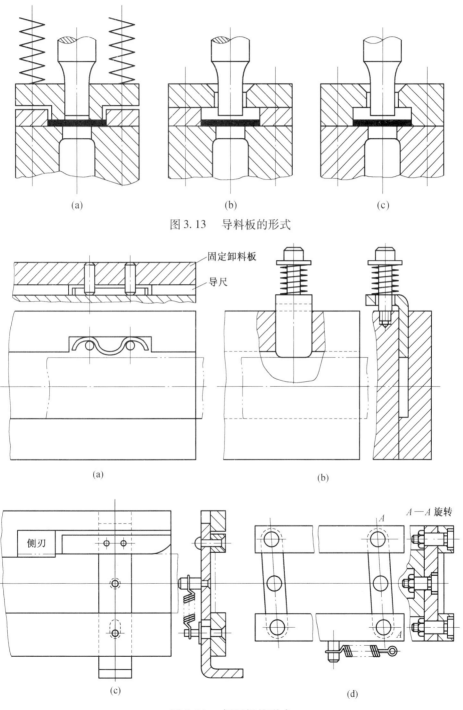

图 3.13　导料板的形式

图 3.14　侧压板的形式

如图 3.15 所示，H 和 h 按表 3.14 选取，导料板间的宽度为

$$B_0 = B + C \tag{3.46}$$

式中　B——条料(带料)的宽度，mm；

　　　C——条料与导料板间的间隙值，视有无侧压而不同，其值见表 3.14。

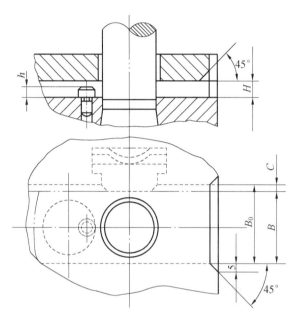

图 3.15　导料板的相关尺寸

表 3.14　侧压板高度 H、h 与间隙值 C 　　　　　　　　　　　　mm

条料厚度	C						H				h
	不　　带　　侧　　压					带侧压	用挡料销挡料		侧刃、自动挡料		
	条料宽度						条料宽度				
	50	50 ~ 100	100 ~ 150	150 ~ 220	220 ~ 300		< 200	> 200	< 200	> 200	
< 1	0.1	0.1	0.2	0.2	0.3	0.5	4	6	3	4	2
1 ~ 2	0.2	0.2	0.3	0.3	0.4	2	6	8	4	6	3
2 ~ 3	0.4	0.4	0.5	0.5	0.6		8	10	6		
3 ~ 4	0.6	0.6	0.7	0.7	0.8	3	10	12	8	8	4
4 ~ 6							12	14	10	10	

(2)挡料件。

挡料件的作用是给予条料或带料送料时以确定进距，主要有固定挡料销、活动挡料销、自动挡料销、始用挡料销和定距侧刀等。

①固定挡料销。固定挡料销结构简单，常用的为圆头形式，如图 3.16(a)所示。当挡料销孔离凹模刃口太近时，挡料销可移离一个进距，以免削弱凹模强度；也可以采用钩形挡料销，如图 3.16(b)所示。

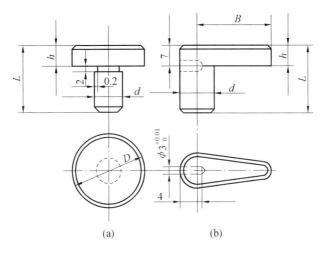

图 3.16   固定挡料销

② 活动挡料销。这种挡料销后端带有弹簧或弹簧片,挡料销能自由活动,如图 3.17(a)、3.17(b) 所示。这种挡料销常用在带弹性卸料板的结构中,复合模中最常见。

另一种活动挡料销(又称回带式活动挡料销)是靠销子的后端面挡料的,送料较之固定挡料销稍为方便,其结构如图 3.17(c) 所示。

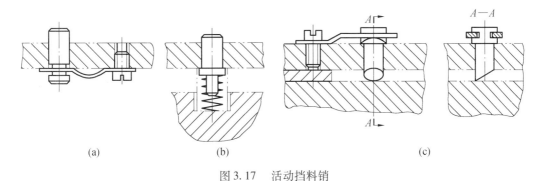

图 3.17   活动挡料销

③ 自动挡料销。采用这种挡料销送料时,无须将料抬起或后拉,只要冲裁后将料往前推便能自动挡,故能连续送料冲压(图 3.18)。

④ 始用挡料销。又称临时挡料销,用于条料在级进模上冲压时的首次定位。级进模有数个工位,条料冲前几个工位时往往就需用始用挡料销挡。用时用手将其按入,使其端部突出导尺,挡住条料而限定送进距离,第一次冲裁后不再使用。始用挡料销的数目视级进模的工位数而定。始用挡料销的结构形式如图 3.19 所示。

⑤ 定距侧刀。这种装置是以切去条料旁侧少量材料而达到挡料目的。定距侧刀挡料的缺点是浪费材料,只有在冲制窄而长的制件(进距为 6 ~ 8 mm)和某些少、无废料排样,而用别的挡料形式有困难时才采用。冲压厚度较薄($t < 0.5$ mm)的材料且采用级进模时,也经常使用定距侧刀,如图 3.20 所示。

如图 3.20(a) 所示的侧刀做成矩形,制造简单,但当侧刀尖角磨钝后,条料边缘处便出现毛刺,影响送料。

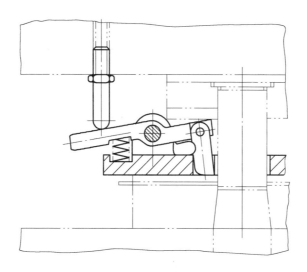

图 3.18　自动挡料销

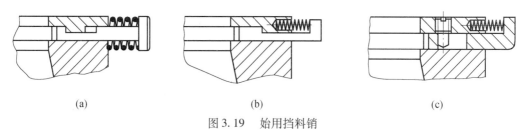

(a) (b) (c)

图 3.19　始用挡料销

如图 3.20(b) 所示把侧刀两端做成凸部,当条料边缘连接处出现毛刺时也处在凹槽内不影响送料,但制造稍复杂些。

如图 3.20(c) 所示定距侧刀的优点是不浪费材料,但每一进距需把条料往后拉,以后端定距,操作不如前者方便。

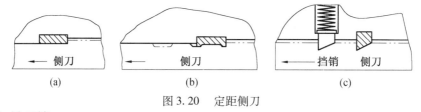

(a) (b) (c)

图 3.20　定距侧刀

(3)导正销。

导正销多用于级进模中,装在第二工位以后的凸模上。冲压时它先插进已冲好的孔中,以保证内孔与外形相对位置的精度,消除由于送料而引起的误差。但对于薄料($t <$ 0.3 mm),将导正销插入孔内会使孔边弯曲,不能起到准确的定料作用。当孔的直径太小($d < 1.5$ mm)时导正销易折断,也不宜采用,此时可考虑采用侧刀。

导正销的形式及适用情况如图 3.21 所示。

导正销的头部分为直线与圆弧两部分,圆弧部分起导入作用,直线部分起定位作用。直线部分高 h 不宜太大,否则不易脱件,但也不能太小,一般取 $h = (0.8 \sim 1.2)t$。考虑到冲孔后孔径弹性变形收缩,导正销导正部分的直径比冲孔的凸模直径要小 0.04 ~

0.20 mm,具体值见表 3.15。

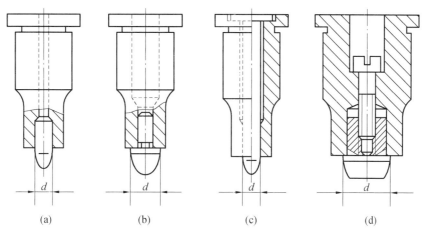

| | (a) | (b) | (c) | (d) |

图 3.21　导正销

表 3.15　导正销间隙(双面) mm

料厚 t	冲孔凸模直径 d						
	1.5 ~ 6	6 ~ 10	10 ~ 16	16 ~ 24	24 ~ 32	32 ~ 42	42 ~ 60
< 1.5	0.04	0.06	0.06	0.08	0.09	0.10	0.12
1.5 ~ 3	0.05	0.07	0.08	0.10	0.12	0.14	0.16
3 ~ 5	0.06	0.08	0.10	0.12	0.16	0.18	0.20

冲孔凸模、导正销及挡料销之间的相互位置关系如图 3.22 所示。

$$h = D + a$$

$$c = \frac{D}{2} + a + \frac{d}{2} + 0.1 \text{ mm}$$

$$c' = \frac{3D}{2} + a - \frac{d}{2} - 0.1 \text{ mm}$$

上式中尺寸"0.1 mm"作为导正销往后拉(图 3.22(a))或往前推(图 3.22(b))的活动余量。

当没有导正销时,0.1 mm 的余量不用考虑。

4.压料及卸料零件

(1)推件装置。

推件有弹性和刚性两种形式,如图 3.23 所示。弹性推件装置如图 3.23(c)所示,它在冲裁时能压住制件,使冲出的制件质量较高,但弹性元件的压力有限,当冲裁较厚材料时,会产生推件的力量不足或使结构庞大。刚性推件不起压料作用,但推件力大。有时也做成刚、弹性结合的形式,这样能综合两者的优点。

刚性推件装置如图 3.23(a)、3.23(b)所示。推件是靠压力机的横梁作用,如图 3.24 所示。

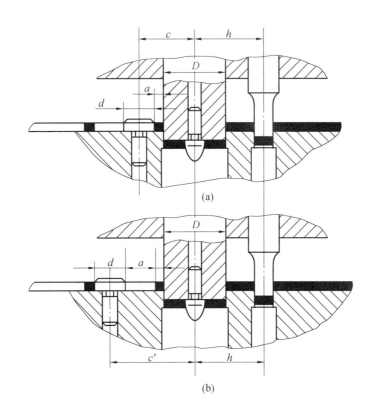

图 3.22　导正销位置尺寸

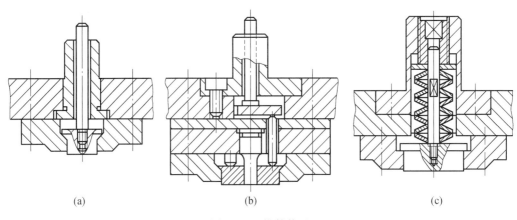

图 3.23　推件装置

　　推杆的长度根据压力机相应尺寸来确定,一般在推件位置时(即滑块在上死点时),推杆要超出滑块模柄孔的高度 5 ~ 10 mm,推件的行程即为横梁的行程。

　　刚性推件要考虑不应过多地削弱上模板的强度,推件力尽可能分布均匀,因此推板有如图 3.25 所示的几种形式。

　　(2)卸料装置。

　　卸料也有刚性(即固定卸料板)和弹性两种形式,如图 3.26 所示。此外废料切刀也是卸料的一种形式。

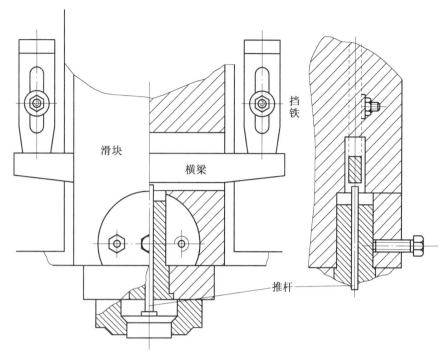

图 3.24　推件横梁

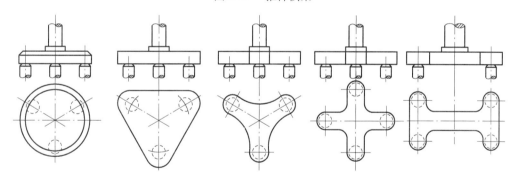

图 3.25　推板的形式

弹性卸料板如图 3.26(a) 所示,此形式卸料力小,有压料作用,冲裁质量较好,多用于薄料。

固定卸料板如图 3.26(c) 所示,此形式卸料力大,但无压料作用,毛坯材料厚度在 0.8 mm 以上时多采用此种形式。

对于卸料力要求较大、卸料板与凹模间又要求有较大的空间位置时,可采用刚弹性相结合的卸料装置,如图 3.26(b) 所示。

卸料板和凸模的单边间隙一般取 0.1 ~ 0.5 mm,但不小于 0.05 mm。

(3) 弹簧。

冲模卸料或推件用的弹簧属于标准零件。标准中给出了弹簧的有关数据和弹簧的特性线,设计模具时只需按标准选用。一般选用弹簧(材料为 65Mn 弹簧钢)的原则,在满足

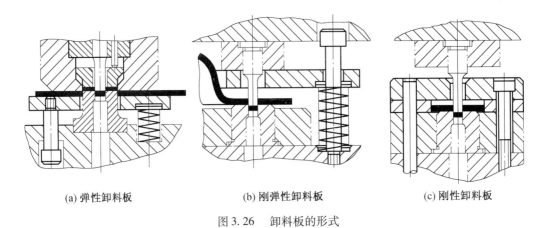

| (a) 弹性卸料板 | (b) 刚弹性卸料板 | (c) 刚性卸料板 |

图 3.26 卸料板的形式

模具结构要求的前提下,保证所选用的弹簧能够给出要求的作用力和行程。

为了保证冲模的正常工作,在冲模不工作时,弹簧也应该在预紧力 P_0 的作用下产生一定的预压紧量 F_0,这时预紧力应为

$$P_0 > \frac{P}{n} \tag{3.47}$$

为保证冲模正常工作所必需的弹簧的最大压紧量为

$$[F] \geq F_0 + F + F' \tag{3.48}$$

式中　　P_0—— 弹簧预紧力,N;

　　　　P—— 工艺力,即卸料力、推件力等,N;

　　　　n—— 弹簧根数;

　　　　$[F]$—— 弹簧最大压紧量,mm;

　　　　F_0—— 弹簧预紧量,mm;

　　　　F—— 工艺行程(卸料板、顶件块行程),mm,应根据该副模具所完成的工序而定;

　　　　F'—— 余量,主要考虑模具的刃磨量及调整量,一般取 5 ~ 10 mm。

圆柱形螺旋弹簧的选用,应该以图 3.27 所示的弹簧的特性线为根据,按下述步骤进行:

① 根据模具结构和工艺力初定弹簧根数 n,并求出分配在每根弹簧上的工艺力 $\frac{P}{n}$;

② 根据所需的预紧力和必需的弹簧总压紧量 $F + F'$,预选弹簧的直径 D、弹簧钢丝的直径 d 及弹簧的圈数(即自由长度),然后利用图 3.27 所示的弹簧特性线,校验所选弹簧的性能,使之满足要求。

冲压模具中,广泛地应用了圆柱形螺旋弹簧。当所需工作行程较小,而作用力很大时,可以考虑选用碟形弹簧。当所需工作行程大、弹力大的模具结构和体积小、弹力大的机械产品时选用强力弹簧。

【例 3.1】　用复合模冲裁料厚 $t = 1$ mm 的低碳钢垫圈,外径 $\phi80$ mm,内孔 $\phi50$ mm,凸凹模的总刃磨量为 6 mm。如果卸料力为 3 600 N,则卸料板所用圆柱形弹簧的具体选用过程如下:

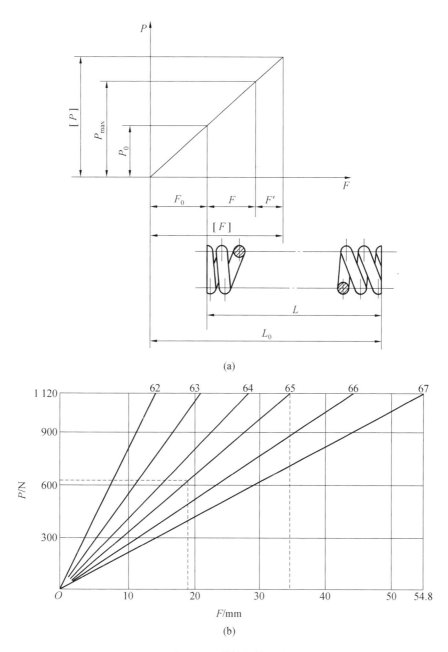

(a)

(b)

图 3.27 弹簧的特性线

a. 根据模具结构和卸料力大小,初定弹簧根数 $n = 6$,则每根弹簧上的卸料力为

$$\frac{P}{n} = \frac{3\ 600\ \text{N}}{6} = 600\ \text{N}$$

b. 根据所需的预紧力大于 600 N、必需的弹簧总压缩量 $F + F' = 12$ mm,参照弹簧的特性线(图3.27(b))和弹簧的规格,预选弹簧的直径 $D = 40$ mm,弹簧丝的直径 $d = 6$ mm,弹簧自由长度 $L_0 = 110$ mm。该弹簧的规格标记为 $40 \times 6 \times 110$,简记为序号 65。

　　c. 校验所选弹簧的性能。由弹簧的特性线(图 3.27(b))(对于序号 65 的弹簧,当预紧力取 $P_0 = 620$ N 时,预紧量 $F_0 = 19$ mm,则可作出其特性曲线)可知最大许用压缩量 $[F] = 34.5$ mm,实际所需工艺行程 $F = 2$ mm,取余量 $F' = 10$ mm,则

$$F_0 + F + F' = 31 \text{ mm}$$

即有

$$P_0 > \frac{P}{n}$$

$$[F] > F_0 + F + F'$$

故所选弹簧满足要求。

　　(4) 橡胶。

　　选择橡胶作为冲模卸料或推、顶件用时,选用方法与弹簧相类似。同样根据卸料力或推(顶)件力的要求以及压缩量的要求来校核橡皮的工作压力和许可的压缩量,以保证满足模具的结构与设计的要求。

　　橡胶选用中的计算与校核可按下列步骤进行。这里介绍的是普通橡胶(其单位压力为 2 ~ 3 MPa)的选用,若单位压力需要更大,可选用聚氨酯。

　　① 计算橡胶工作压力。橡胶工作压力与其形状、尺寸以及压缩量等因素有关,一般可按下式计算:

$$F = Ap \qquad (3.49)$$

式中　　F——橡胶工作压力(即用作卸料或顶件的工艺力),N;

　　　　A——橡胶横截面积,mm^2;

　　　　p——单位压力,与橡胶压缩量、形状有关,一般取 2 ~ 3 MPa。

　　② 橡胶压缩量和厚度的确定。橡胶压缩量不能过大,否则会影响其压力和寿命。生产实践表明,橡胶最大压缩量一般不应超过其厚度 h_2 的 45%,而模具安装时橡胶应预先压缩 10% ~ 15%。所以橡胶厚度 h_2 与其许可的压缩量 h_1 之间有下列关系:

$$h_2 = \frac{h_1}{0.25 \sim 0.30} \qquad (3.50)$$

　　由此可见,橡胶厚度选定后,可按式(3.50)确定出其许可的压缩量 h_1,$h_1 = (0.25 \sim 0.30)h_2$。

　　③ 校核。校核时,应使橡胶的工作压力 F 大于卸料力,橡胶许可的压缩量大于模具需要的压缩量。同时应校核橡胶厚度与外径的比值 $\dfrac{h_2}{D}$,令其为 0.5 ~ 1.5,这样才能保证橡胶正常工作。若 $\dfrac{h_2}{D}$ 超过 1.5 应将橡胶分成若干块,每块之间用钢板分开,但每块橡胶的 $\dfrac{h_2}{D}$ 值仍应在上述范围内。外径 D 与橡胶形状有关,可按 $F = Ap$ 公式计算,如图 3.28 所示形状,将 $A = \dfrac{\pi}{4}(D^2 - d^2)$ 代入式(3.49)整理可得 $D = \sqrt{d^2 + 1.27 \dfrac{F}{p}}$ (d 为橡胶中心孔直径,可按结构选定)。同理,对于图 3.28 所示其他形状的外径尺寸,经过式(3.49)计算,

分别列于表 3.16 中。

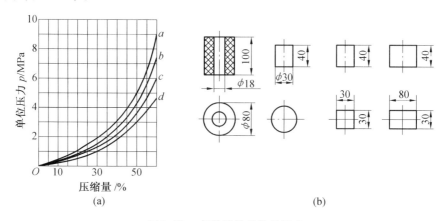

(a)   (b)

图 3.28　各种形状的外径尺寸

表 3.16　橡胶截面尺寸的计算

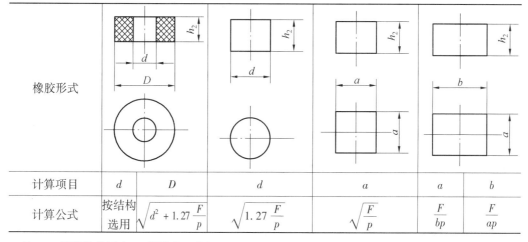

橡胶形式					
计算项目	d	D	d	a	a	b
计算公式	按结构选用	$\sqrt{d^2 + 1.27\dfrac{F}{p}}$	$\sqrt{1.27\dfrac{F}{p}}$	$\sqrt{\dfrac{F}{p}}$	$\dfrac{F}{bp}$	$\dfrac{F}{ap}$

注:p— 橡胶单位压力,一般取 2 ~ 3 MPa

　　F— 所需工作压力 /N

3.6　冲模压力中心与封闭高度

1. 冲模的压力中心

　　冲裁力合力的作用点称为模具的压力中心。如果压力中心不在模柄轴线上,滑块就会承受偏心载荷,导致滑块和模具不正常的磨损,降低模具寿命甚至损坏模具。通常利用求平行力系合力作用点的方法,即解析法或图解法,确定模具的压力中心。

　　如图 3.29 所示,连续模压力中心为 O 点,其坐标为 X、Y,连续模上作用的冲裁力 P_1、P_2、P_3、P_4、P_5 是垂直于图面方向的平行力系,根据力学定理,诸分力对某轴力矩之和等于其合力对同轴之距,则有

$$X = \frac{P_1 X_1 + P_2 X_2 + \cdots + P_n X_n}{P_1 + P_2 + \cdots + P_n} = \frac{\sum\limits_{i=1}^{n} P_i X_i}{\sum\limits_{i=1}^{n} P_i} \tag{3.51}$$

$$Y = \frac{P_1 Y_1 + P_2 Y_2 + \cdots + P_n Y_n}{P_1 + P_2 + \cdots + P_n} = \frac{\sum\limits_{i=1}^{n} P_i Y_i}{\sum\limits_{i=1}^{n} P_i} \tag{3.52}$$

式中　　$P_1, P_2, \cdots, P_n$——各图形的冲裁力；

$\qquad\quad X_1, X_2, \cdots, X_n$——各图形冲裁力的 X 轴坐标；

$\qquad\quad Y_1, Y_2, \cdots, Y_n$——各图形冲裁力的 Y 轴坐标。

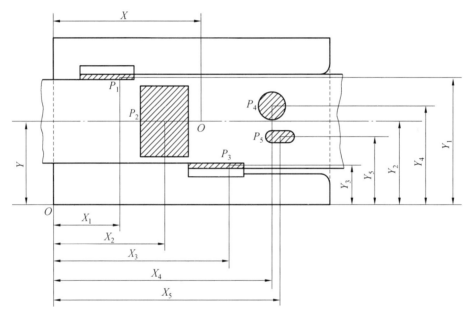

图 3.29　冲裁模压力中心的确定

　　除解析法外,生产中也常用作图法求压力中心。作图法的精度稍差,但计算简单。在实际生产中,可能出现冲模压力中心在加工过程中发生变化的情况,或者由于零件的形状特殊,从模具结构考虑不宜使压力中心与模柄中心线相重合的情况,这时应该使压力中心的偏离不超出所选用压力机所允许的范围。

2. 冲模的封闭高度

　　冲裁模总体结构尺寸必须与所用设备相适应,即模具总体结构平面尺寸应该适应于设备工作台面尺寸,而模具总体封闭高度必须与设备的封闭高度相适应,否则就不能保证正常的安装与工作。冲裁模的封闭高度系指模具在最低工作位置时,上、下模板底面的距离。

　　模具的封闭高度 H 应该介于压力机的最大封闭高度 $H_{\max}$ 及最小封闭高度 $H_{\min}$ 之间 (图 3.30),一般取

$$H_{\max} - 5 \text{ mm} \geqslant H \geqslant H_{\min} + 10 \text{ mm}$$

如果模具封闭高度小于设备的最小封闭高度,可以采用附加垫板。

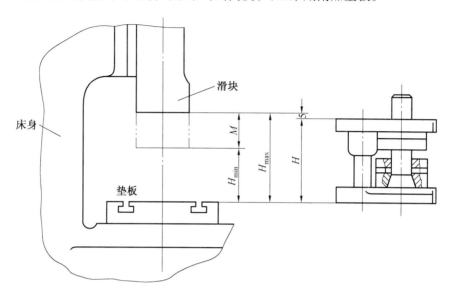

图 3.30　模具的封闭高度

第4章 拉深模设计

4.1 圆筒拉深件拉深工艺计算

1. 坯料尺寸的计算

在不变薄的拉深中,根据拉深前后面积相等的原则,形状简单的旋转体拉深件的坯料直径 D 应为

$$D = \sqrt{\frac{4}{\pi} F_0} = \sqrt{\frac{4}{\pi} \sum F_i} \qquad (4.1)$$

式中　　F_0——包括切边余量的拉深件的表面积,mm^2;

　　　　$\sum F_i$——拉深件各部分表面积的代数和,mm^2。

(1)圆筒形拉深件的坯料直径计算。

圆筒形拉深件可分解为若干简单的几何体(图4.1),分别求出它们的表面积(含切边余量),然后相加,按照公式(4.1),即可计算出圆筒形零件的毛坯直径。

图4.1中各部分的面积分别为

$$F_1 = \pi d(H - R) \qquad (1 \text{ 部分表面积})$$

$$F_2 = \frac{\pi}{4}\left[2\pi R(d - 2R) + 8R^2\right] \qquad (2 \text{ 部分表面积})$$

$$F_3 = \frac{\pi}{4}(d - 2R)^2 \qquad (3 \text{ 部分表面积})$$

将圆筒形拉深件各部分面积 F_i 代入式(4.1)并整理得

$$D = \sqrt{(d - 2R)^2 + 2\pi R(d - 2R) + 8R^2 + 4d(H - R)}$$
$$(4.2)$$

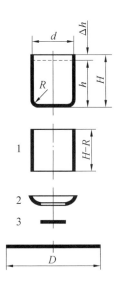

图4.1　圆筒形拉深件的分解

式中　　d——筒形件直径(按材料厚度中线尺寸计算),mm;

　　　　R——筒形件底部圆角半径(按材料厚度中线尺寸计算),mm;

　　　　H——包括切边余量的筒形件高度,mm,$H = h + \Delta h$,h 为零件高度(按材料厚度中线尺寸计算),Δh 为切边余量,切边余量的数值可查表4.1。

(2)有凸缘圆筒形拉深件的毛坯直径计算。

有凸缘圆筒形拉深件(图4.2)的毛坯直径 D 的计算公式与圆筒形拉深件计算公式(4.2)不同,应加上凸缘部分和圆角部分。

表 4.1 无凸缘圆筒形拉深件的切边余量 Δh mm

零件高度 h	零件的相对高度 h/d				附图
	0.5 ~ 0.8	0.8 ~ 1.6	1.6 ~ 2.5	2.5 ~ 4	
≤ 10	1.0	1.2	1.5	2	
10 ~ 20	1.2	1.6	2	2.5	
20 ~ 50	2	2.5	3.3	4	
50 ~ 100	3	3.8	5	6	
100 ~ 150	4	5	6.5	8	
150 ~ 200	5	6.3	8	10	
200 ~ 250	6	7.5	9	11	
> 250	7	8.5	10	12	

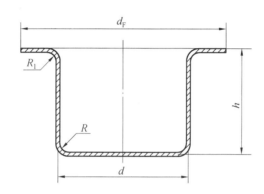

图 4.2 有凸缘圆筒形拉深件

当 $R_1 \neq R$ 时

$$D = \sqrt{d_F^2 + 4dh - 1.72d(R + R_1) - 0.56(R^2 - R_1^2)} \qquad (4.3)$$

当 $R_1 = R$ 时

$$D = \sqrt{d_F^2 + 4dh - 3.44Rd} \qquad (4.4)$$

式中 d_F——包括切边余量的凸缘直径,mm,$d_F = d_f + 2\Delta R$,d_f 为切边后的凸缘直径,ΔR
为切边余量,ΔR 值可查表 4.2;

d—— 圆筒直径(按材料厚度中线尺寸计算),mm;

h—— 拉深件高度(按材料厚度中线尺寸计算),mm;

R—— 圆筒底部圆角半径(按材料厚度中线尺寸计算),mm;

R_1—— 凸缘根部圆角半径(按材料厚度中线尺寸计算),mm。

2. 拉深工艺计算

(1) 拉深系数。

拉深后圆筒直径与拉深前毛坯(或半成品)直径的比值称为拉深系数。拉深系数越小,变形程度越大。无凸缘圆筒形拉深件的拉深系数见表4.3 ~ 4.6。有凸缘圆筒形拉深件的拉深系数见表4.7 ~ 4.8。

表 4.2　带凸缘圆筒形拉深件的切边余量 ΔR　　　　　　　mm

凸缘直径 d_f	凸缘的相对直径 d_f/d				附图
	1.5 以下	1.5 ~ 2	2 ~ 2.5	> 2.5	
≤ 25	1.8	1.6	1.4	1.2	
25 ~ 50	2.5	2.0	1.8	1.6	
50 ~ 100	3.5	3.0	2.5	2.2	
100 ~ 150	4.3	3.6	3.0	2.5	
150 ~ 200	5.0	4.2	3.5	2.7	
200 ~ 250	5.5	4.6	3.8	2.8	
> 250	6	5	4	3	

表 4.3　无凸缘圆筒形拉深件不用压边圈拉深时的拉深系数

相对厚度 $\dfrac{t}{D} \times 100$	各次拉深系数					
	m_1	m_2	m_3	m_4	m_5	m_6
0.4	0.90	0.92	—	—	—	—
0.6	0.85	0.90	—	—	—	—
0.8	0.80	0.88	—	—	—	—
1.0	0.75	0.85	0.90	—	—	—
1.5	0.65	0.80	0.84	0.87	0.90	—
2.0	0.60	0.75	0.80	0.84	0.87	0.90
2.5	0.55	0.75	0.80	0.84	0.87	0.90
3.0	0.53	0.75	0.80	0.84	0.87	0.90
3 以上	0.50	0.70	0.75	0.78	0.82	0.85

注:表中的拉深系数适合于08号钢、10号钢及15Mn等材料

表 4.4　无凸缘圆筒形拉深件不用压边圈拉深时总的拉深系数 $m_总$ 的极限值

总拉深次数	毛坯相对厚度 $\dfrac{t}{D} \times 100$				
	1.5	2.0	2.5	3.0	> 3
1	0.65	0.60	0.55	0.53	0.50
2	0.52	0.45	0.41	0.40	0.35
3	0.44	0.36	0.33	0.32	0.26
4	0.38	0.30	0.28	0.27	0.20
5	0.34	0.26	0.24	0.23	0.17
6	—	0.24	0.22	0.21	0.14

表 4.5 无凸缘圆筒形拉深件有压边圈拉深时的拉深系数

拉深系数	毛坯相对厚度 $\frac{t}{D} \times 100$					
	2 ~ 1.5	1.5 ~ 1.0	1.0 ~ 0.6	0.6 ~ 0.3	0.3 ~ 0.15	0.15 ~ 0.08
m_1	0.48 ~ 0.50	0.50 ~ 0.53	0.53 ~ 0.55	0.55 ~ 0.58	0.58 ~ 0.60	0.60 ~ 0.63
m_2	0.73 ~ 0.75	0.75 ~ 0.76	0.76 ~ 0.78	0.78 ~ 0.79	0.79 ~ 0.80	0.80 ~ 0.82
m_3	0.76 ~ 0.78	0.78 ~ 0.79	0.79 ~ 0.80	0.80 ~ 0.81	0.81 ~ 0.82	0.82 ~ 0.84
m_4	0.78 ~ 0.80	0.80 ~ 0.81	0.81 ~ 0.82	0.82 ~ 0.83	0.83 ~ 0.85	0.85 ~ 0.86
m_5	0.80 ~ 0.82	0.82 ~ 0.84	0.84 ~ 0.85	0.85 ~ 0.86	0.86 ~ 0.87	0.87 ~ 0.88

注:1. 表中数值适用于 08、10S、15S 钢及软黄铜 H62、H68。当拉深塑性差的材料时(Q215、Q235、20 号钢、25 号钢、酸洗钢、硬铝、硬黄铜等),取值应比表中数值增大 1.5% ~ 2%;而对塑性更好的材料(如 05 号钢、08Z、10Z 钢和软铝等),可将表中值减小 1.5% ~ 2%。符号 S 为深拉深钢;Z 为最深拉深钢
2. 第一次拉深,凹模圆角半径大时[$r_d = (8 \sim 15)t$]取小值,凹模圆角半径小时[$r_d = (4 \sim 8)t$]取大值
3. 工序间进行中间退火时取小值

表 4.6 无凸缘圆筒形拉深件有压边圈拉深时总的拉深系数 $m_总$ 的极限值

总拉深次数	毛坯相对厚度 $\frac{t}{D} \times 100$				
	2 ~ 1.5	1.5 ~ 1	1 ~ 0.5	0.5 ~ 0.2	0.2 ~ 0.06
1	0.48 ~ 0.50	0.50 ~ 0.53	0.53 ~ 0.56	0.56 ~ 0.58	0.58 ~ 0.60
2	0.32 ~ 0.36	0.36 ~ 0.39	0.39 ~ 0.43	0.43 ~ 0.45	0.45 ~ 0.48
3	0.23 ~ 0.27	0.27 ~ 0.30	0.30 ~ 0.33	0.33 ~ 0.36	0.36 ~ 0.39
4	0.17 ~ 0.20	0.20 ~ 0.23	0.23 ~ 0.27	0.27 ~ 0.30	0.30 ~ 0.33
5	0.13 ~ 0.16	0.16 ~ 0.19	0.19 ~ 0.22	0.22 ~ 0.25	0.25 ~ 0.28

注:凹模圆角半径 $r_d = (8 \sim 15)t$ 时取较小值,凹模圆角半径 $r_d = (4 \sim 8)t$ 时取较大值

表 4.7 带凸缘圆筒形拉深件首次拉深时的拉深系数 m_1

凸缘相对直径 (d_F/d_1)	毛坯相对厚度 $\frac{t}{D} \times 100$				
	0.06 ~ 0.2	0.2 ~ 0.5	0.5 ~ 1.0	1.0 ~ 1.5	> 1.5
≤ 1.1	0.59	0.57	0.55	0.53	0.50
1.1 ~ 1.3	0.55	0.54	0.53	0.51	0.49
1.3 ~ 1.5	0.52	0.51	0.50	0.49	0.47
1.5 ~ 1.8	0.48	0.48	0.47	0.46	0.45
1.8 ~ 2.0	0.45	0.45	0.44	0.43	0.42
2.0 ~ 2.2	0.42	0.42	0.42	0.41	0.40
2.2 ~ 2.5	0.38	0.38	0.38	0.38	0.37
2.5 ~ 2.8	0.35	0.35	0.34	0.34	0.33
2.8 ~ 3.0	0.33	0.33	0.32	0.32	0.31

注:1. 适用于 08、10 号钢
2. d_F— 首次拉深的凸缘直径,d_1— 首次拉深的筒部直径

表 4.8 带凸缘圆筒形拉深件首次拉深后各次的拉深系数

拉深系数 m_n	原毛坯相对厚度 $\frac{t}{D} \times 100$				
	2 ~ 1.5	1.5 ~ 1.0	1.0 ~ 0.6	0.6 ~ 0.3	0.3 ~ 0.15
m_2	0.73	0.75	0.76	0.78	0.80
m_3	0.75	0.78	0.79	0.80	0.82
m_4	0.78	0.80	0.82	0.83	0.84
m_5	0.80	0.82	0.84	0.85	0.86

注:1. 适用于 08、10 号钢

2. 采用中间退火时,可将以后各次拉深系数减小 5% ~ 8%

(2) 拉深次数。

拉深次数通常是先进行概略计算,然后通过工艺计算来确定。

① 计算法。根据总拉深系数与各次拉深系数的关系,可得到无凸缘圆筒形拉深件拉深次数的计算公式

$$n = 1 + \frac{\lg d_n - \lg(m_1 D)}{\lg m_n} \tag{4.5}$$

式中　n——拉深次数;

d_n——工件直径,mm;

D——毛坯直径,mm;

m_1——第一次拉深系数;

m_n——第一次拉深以后各次的平均拉深系数。

② 查表法。拉深次数也可根据零件的相对高度和毛坯的相对厚度查表确定,无凸缘圆筒形拉深件拉深时直接查表 4.9 确定拉深次数。

表 4.9 无凸缘圆筒形拉深件拉深的最大相对高度 h/d

拉深次数 n	毛坯相对厚度 $\frac{t}{D} \times 100$					
	2 ~ 1.5	1.5 ~ 1	1 ~ 0.6	0.6 ~ 0.3	0.3 ~ 0.15	0.15 ~ 0.08
1	0.94 ~ 0.77	0.84 ~ 0.65	0.70 ~ 0.57	0.62 ~ 0.50	0.52 ~ 0.45	0.46 ~ 0.38
2	1.88 ~ 1.54	1.60 ~ 1.32	1.36 ~ 1.1	1.13 ~ 0.94	0.96 ~ 0.83	0.9 ~ 0.7
3	3.5 ~ 2.7	2.8 ~ 2.2	2.3 ~ 1.8	1.9 ~ 1.5	1.6 ~ 1.3	1.3 ~ 1.1
4	5.6 ~ 4.3	4.3 ~ 3.5	3.6 ~ 2.9	2.9 ~ 2.4	2.4 ~ 2.0	2.0 ~ 1.5
5	8.9 ~ 6.6	6.6 ~ 5.1	5.2 ~ 4.1	4.1 ~ 3.3	3.3 ~ 2.7	2.7 ~ 2.0

注:1. 表中拉深次数适用于 08、10 号钢的拉深件

2. 大的 h/d 适用于首次拉深工序的大凹模圆角半径$[r_d \approx (8 ~ 15)t]$;小的 h/d 适用于首次拉深工序的小凹模圆角半径$[r_d \approx (4 ~ 8)t]$

带凸缘筒形拉深件的第一次拉深的许可变形程度可用相应于 d_F/d_1 不同比值的最大相对拉深高度 h_1/d_1 来表示,见表 4.10。当相对拉深高度 $h/d > h_1/d_1$ 时,就不能用一道

工序拉成,而需要两次或多次拉成。

表 4.10   带凸缘圆筒形拉深件第一次拉深的最大相对高度 h_1/d_1

凸缘相对直径 (d_F/d_1)	毛坯相对厚度 $\dfrac{t}{D} \times 100$				
	> 1.5	1.5 ~ 1.0	1.0 ~ 0.5	0.5 ~ 0.2	0.2 ~ 0.06
≤ 1.1	0.90 ~ 0.75	0.80 ~ 0.60	0.70 ~ 0.57	0.62 ~ 0.50	0.52 ~ 0.45
1.1 ~ 1.3	0.80 ~ 0.65	0.72 ~ 0.56	0.60 ~ 0.50	0.53 ~ 0.45	0.47 ~ 0.40
1.3 ~ 1.5	0.70 ~ 0.58	0.63 ~ 0.50	0.53 ~ 0.45	0.48 ~ 0.40	0.42 ~ 0.35
1.5 ~ 1.8	0.58 ~ 0.48	0.53 ~ 0.42	0.44 ~ 0.37	0.39 ~ 0.34	0.35 ~ 0.29
1.8 ~ 2.0	0.51 ~ 0.42	0.46 ~ 0.36	0.38 ~ 0.32	0.34 ~ 0.29	0.30 ~ 0.25
2.0 ~ 2.2	0.45 ~ 0.35	0.40 ~ 0.31	0.33 ~ 0.27	0.29 ~ 0.25	0.26 ~ 0.22
2.2 ~ 2.5	0.35 ~ 0.28	0.32 ~ 0.25	0.27 ~ 0.22	0.23 ~ 0.20	0.21 ~ 0.17
2.5 ~ 2.8	0.27 ~ 0.22	0.24 ~ 0.19	0.21 ~ 0.17	0.18 ~ 0.15	0.16 ~ 0.13
2.8 ~ 3.0	0.22 ~ 0.18	0.20 ~ 0.16	0.17 ~ 0.14	0.15 ~ 0.12	0.13 ~ 0.10

注:1. d_F — 凸缘直径;d_1 — 首次拉深的筒部直径

2. 适用于 08、10 号钢

3. 较大值相应于零件圆角半径较大情况,即 r_d、r_p 为 $(10 \sim 20)t$;较小值相应于零件圆角半径较小情况,即 r_d、r_p 为 $(4 \sim 8)t$

当带凸缘筒形拉深件需要多次拉深时,第一次拉深的最小拉深系数见表 4.7,以后各次拉深的拉深系数可查表 4.8,然后应用推算法确定出拉深次数。

推算法是指根据查出的 $m_1, m_2, m_3, \cdots, m_n$,从第一道工序开始依次求半成品直径,即

$$\left. \begin{array}{l} d_1 = m_1 D \\ d_2 = m_2 d_1 \\ \vdots \\ d_n = m_n d_{n-1} \end{array} \right\} \tag{4.6}$$

直到计算出的直径不大于要求的直径为止,即可确定所需的拉深次数。

4.2   压边力、拉深力的计算

1. 压边形式与压边力

(1) 采用压边的条件。

在拉深过程中,凸缘变形区是否产生失稳起皱,主要取决于毛坯的相对厚度和切向应力的大小,而切向应力的大小又取决于材料的性能和不同时刻的变形程度。另外凹模的几何形状对起皱也有较大的影响。压边装置的作用就是在凸缘变形区施加轴向(材料厚度方向)压力,防止起皱。

准确地判断起皱与否,是一个相当复杂的问题,在实际生产中可以用下述公式估算。

用锥形凹模拉深时,材料不起皱的条件如下:

首次拉深

$$\frac{t}{D} \geq 0.03(1 - m) \tag{4.7}$$

以后各次拉深

$$\frac{t}{D} \geq 0.03(\frac{1}{m} - 1) \tag{4.8}$$

用普通的平端面凹模拉探时,毛坯不起皱的条件是:

首次拉深

$$\frac{t}{D} \geq 0.045(1 - m) \tag{4.9}$$

以后各次拉深

$$\frac{t}{D} \geq 0.045(\frac{1}{m} - 1) \tag{4.10}$$

如果不能满足上述公式的要求,则在拉深模设计时应考虑增加压边装置。

另外,还可以利用表4.11判断是否起皱。

表 4.11　采用或不采用压边圈的条件

拉深方法	首次拉深		以后各次拉深	
	$\frac{t}{D} \times 100$	m_1	$\frac{t}{d_{n-1}} \times 100$	m_n
有压边圈	< 1.5	< 0.6	< 1	< 0.8
可用可不用	1.5 ~ 2.0	0.6	1 ~ 1.5	0.8
不用压边圈	> 2.0	> 0.6	> 1.5	> 0.8

注:t— 材料厚度,mm;D— 毛坯直径,mm;d_{n-1}— 第 $n-1$ 次拉深件直径,mm;$\frac{t}{D} \times 100$— 毛坯的相对

厚度;$\frac{t}{d_{n-1}} \times 100$— 半成品的相对厚度

（2）压边力计算。

压边力必须适当,如果压边力过大,会增大拉入凹模的拉力,使危险断面拉裂;如果压边力不足,则不能防止凸缘起皱。实际压边力的大小要根据既不起皱也不被拉裂这个原则,在试模中加以调整。设计压边装置时应考虑便于调节压边力。

在生产中单位压边力 q 可按表4.12选取。压边力为压边面积乘单位压边力,即

$$Q = Aq \tag{4.11}$$

式中　　Q—— 压边力,N;

　　　　A—— 在压边圈下毛坯的投影面积,mm^2;

　　　　q—— 单位压边力,MPa,可查表4.12。

筒形拉深件第一次拉深（用平毛坯）的压边力的计算公式为

$$Q = \frac{\pi}{4}\left[D^2 - (d_1 + 2r_d)^2\right]q \tag{4.12}$$

筒形拉深件以后各次拉深（用筒形毛坯）的压边力的计算公式为

$$Q = \frac{\pi}{4}\left[d_{n-1}^2 - (d_n + 2r_d)^2 \right]q \qquad (4.13)$$

式中　D—— 平毛坯直径,mm;

　　　$d_1, d_2, \cdots, d_n$—— 拉深件直径,mm;

　　　r_d—— 凹模圆角半径,mm。

表 4.12　单位压边力 q

材料名称		单位压边力 q/MPa
铝		0.8 ~ 1.2
紫铜、硬铝(退火)		1.2 ~ 1.8
黄铜		1.5 ~ 2.0
软钢	$t < 0.5\ \text{mm}$	2.5 ~ 3.0
	$t > 0.5\ \text{mm}$	2.0 ~ 2.5
镀锌钢板		2.5 ~ 3.0
耐热钢(软化状态)		2.8 ~ 3.5
高合金钢、高锰钢、不锈钢		3.0 ~ 4.5

（3）压边形式。

①首次拉深模。一般采用平面压边装置(压边圈)。对于宽凸缘拉深件,为了减少毛坯与压边圈的接触面积,增大单位压边力,可采用如图 4.3 所示的压边圈;对于凸缘特别小或半球面、抛物面零件的拉深,为了增大拉应力,减少起皱,可采用带拉深肋的模具。

为了保持压边力均衡和防止压边圈将毛坯压得过紧,可以采

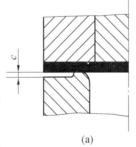 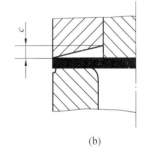

(a)　　　　　　　　　(b)

图 4.3　宽凸缘件拉深用压边圈

图中,$c = (0.2 \sim 0.5)t$

用带限位装置的压边圈(图 4.4(a))。限制距离 s 的大小,根据拉深件的形状及材料分别为

拉深有凸缘零件:$s = t + (0.05 \sim 0.1)\ \text{mm}$

拉深铝合金零件:$s = 1.1t$

拉深钢零件:$s = 1.2t$

②以后各次拉深模。压边圈的形状为筒形(图 4.4(b)、图 4.4(c))。由于这时毛坯均为筒形,其稳定性比较好,在拉深过程中不易起皱,因此一般所需的压边力较小。大多数以后各次拉深模,都应使用限位装置。特别是当深拉深件采用弹性压边装置时,随着拉深高度增加,弹性压边力也增加,这就可能造成压边力过大而拉裂。

③在双动压力机上进行拉深。将压边圈装在外滑块上,利用外滑块压边。外滑块通常有 4 个加力点,可调整作用于板材周边的压边力。这种被称作刚性压边装置的压边特点是在拉深过程中,压边力保持不变,故拉深效果好,模具结构也简单。

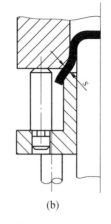
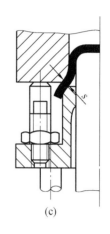

图4.4　有限位装置的压边圈

④ 在单动压力机上进行拉深。其压边力靠弹性元件产生,称作弹性压边装置。常用的弹性压边装置有橡皮垫、弹簧垫和气垫 3 种(图 4.5)。弹簧垫和橡皮垫的压力随行程增大而增大,这对拉深不利,但模具结构简单,使用方便,在一般中小型零件拉深模中,还是经常使用的。

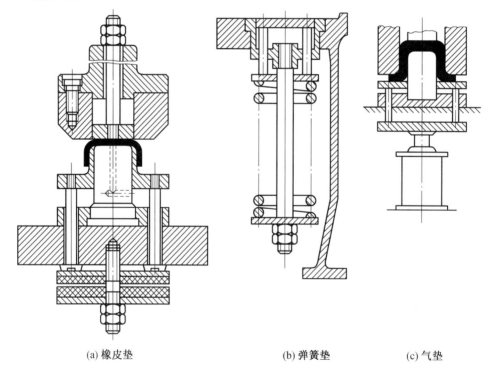

(a) 橡皮垫　　　　　　　(b) 弹簧垫　　　　　(c) 气垫

图4.5　弹性压边装置

2.拉深力的计算

对圆筒形拉深件,拉深力可按下式计算:

第一次拉深力

$$P_1 = \pi d_1 t R_m K_1 \tag{4.14}$$

第二次及以后各次拉深力

$$P_2 = \pi d_2 t R_m K_2 \tag{4.15}$$

式中　d_1、d_2——第一次、第二次及以后各次拉深后的工件直径,mm,按料厚中线计算;

t——材料厚度,mm;

R_m——材料的抗拉强度,MPa;

K_1、K_2——系数,其值可查表4.13及表4.14。

对横截面为矩形、椭圆形等非圆形拉深件,拉深力 P 也可应用式(4.14)和式(4.15)的原理求得,即

$$P = L t R_m K \tag{4.16}$$

式中　L——拉深件横截面周边长度,mm;

K——系数,取 0.5 ～ 0.8。

表 4.13　圆筒形拉深件第一次拉深时的系数 K_1 值

毛坯的相对厚度	第一次拉深系数 m_1									
$(t/D) \times 100$	0.45	0.48	0.50	0.52	0.55	0.60	0.65	0.70	0.75	0.80
5.0	0.95	0.85	0.75	0.65	0.60	0.50	0.43	0.35	0.28	0.20
2.0	1.10	1.00	0.90	0.80	0.75	0.60	0.50	0.42	0.35	0.25
1.2		1.10	1.00	0.90	0.80	0.68	0.56	0.47	0.37	0.30
0.8			1.10	1.00	0.90	0.75	0.60	0.50	0.40	0.33
0.5				1.10	1.00	0.82	0.67	0.55	0.45	0.36
0.2					1.10	0.90	0.75	0.60	0.50	0.40
0.1						1.10	0.90	0.75	0.60	0.50

注:1. 适用于 08 ～ 15 号钢

　2. 当凸模圆角半径 $r_p = (4 ～ 6)t$ 时,系数 K_1 应按表中数值增加 5%

　3. 对于其他材料,根据材料塑性的变化,对查得值做修正(随塑性降低而增加)

表 4.14　圆筒形拉深件第二次拉深时的系数 K_2 值

毛坯的相对厚度	第二次拉深系数 m_2									
$(t/D) \times 100$	0.7	0.72	0.75	0.78	0.80	0.82	0.85	0.88	0.90	0.92
5.0	0.85	0.70	0.60	0.50	0.42	0.32	0.28	0.20	0.15	0.12
2.0	1.10	0.90	0.75	0.60	0.52	0.42	0.32	0.25	0.20	0.14
1.2		1.10	0.90	0.75	0.62	0.52	0.42	0.30	0.25	0.16
0.8			1.00	0.82	0.70	0.57	0.46	0.35	0.27	0.18
0.5			1.10	0.90	0.76	0.63	0.50	0.40	0.30	0.20
0.2				1.00	0.85	0.70	0.56	0.44	0.33	0.23
0.1				1.10	1.00	0.82	0.68	0.55	0.40	0.30

注:1. 适用于 08 ～ 15 号钢

　2. 当凸模圆角半径 $r_p = (4 ～ 6)t$ 时,系数 K_2 应按表中数值增加 5%

　3. 对于第3、4、5次拉深的系数 K_2,由同一表格查出其相应的 m_n 及 $(t/D) \times 100$ 的数值,但需根据是否有中间退火工序而取表中较大或较小的数值;无中间退火时,K_2 取较大值(靠近下面的一个数值);有中间退火时,K_2 取较小值(靠近上面的一个数值)

　4. 对于其他材料,根据材料塑性的变化,对查得值做修正(随塑性降低而增加)

4.3　压力机选择

选择冲压用压力机的主要依据是:冲压力的大小、冲压过程所需的行程、冲模的闭合高度及冲模的平面尺寸等。

1. 选择压力机的标称压力

压力机的标称压力应根据拉深总工艺力来选择,拉深总工艺力为拉深力和压边力的总和,即

$$P_{总} = P + Q \tag{4.17}$$

式中　　$P_{总}$——拉深总工艺力,N;

　　　　P——拉深力,N;

　　　　Q——压边力,N。

压力机的标称压力要大于总的工艺力。但当拉深行程较大,特别是采用落料拉深复合模时,不能简单地将落料力与拉深力叠加来选择压力机,因为压力机的标称压力是指在接近下死点时压力机的压力。因此,应注意压力机的压力曲线。否则,很可能由于过早地出现最大冲压力而使压力机超载而损坏,一般可按下式做概略计算,即

浅拉深($h/d < 0.5$)

$$P_{总} \leqslant (0.7 \sim 0.8)P_0 \tag{4.18}$$

深拉深($h/d \geqslant 0.5$)

$$P_{总} \leqslant (0.5 \sim 0.6)P_0 \tag{4.19}$$

式中　　$P_{总}$——拉深力与压边力的总和,采用复合模冲压时,还应包括其他工艺的变形力,N;

　　　　P_0——压力机的标称压力,N;

　　　　h——拉深件的高度,mm;

　　　　d——拉深件的直径,mm。

拉深功按下式计算

$$W = P_m h \times 10^{-3} = CP_{max} h \times 10^{-3} \tag{4.20}$$

式中　　W——拉深功,J;

　　　　P_m——拉深行程中的平均拉深力,N;

　　　　h——拉深深度(凸模工作行程),mm;

　　　　P_{max}——最大拉深力,N;

　　　　C——系数,其值等于 $P_m/P_{max} \approx 0.6 \sim 0.8$。

拉深所需压力机的电动机功率可按下式校核计算

$$N = \frac{KWn}{60 \times 750 \times \eta_1 \times \eta_2 \times 1.36} = \frac{KWn}{61\,200\eta_1\eta_2} \tag{4.21}$$

式中　　N——压力机电动机功率,kW;

　　　　K——不平衡系数,取 $1.2 \sim 1.4$;

　　　　W——拉深功,J;

n—— 压力机每分钟的行程次数;

η_1—— 压力机效率,取 0.6 ~ 0.8;

η_2—— 电动机效率,取 0.9 ~ 0.95;

1.36—— 由马力转换成千瓦的转换系数。

2. 选择压力机的行程

为了获得拉深件的高度,并保证冲压后从模具上取出工件,拉深所用压力机的行程要大于成品零件高度的两倍以上。

3. 选择压力机闭合高度

压力机的闭合高度一般按下式来选取

$$H_{\max} - 5 \text{ mm} \geqslant H \geqslant H_{\min} + 10 \text{ mm} \tag{4.22}$$

式中　　$H_{\max}$—— 压力机的最大闭合高度,mm;

H—— 模具的闭合高度,mm;

$H_{\min}$—— 压力机的最小闭合高度,mm。

4. 选择压力机工作台面

压力机的工作台面尺寸要大于模具平面尺寸。一般地,模具安装在压力机工作台上之后,前后左右都应有 10 mm 以上的余量。

4.4　拉深模典型结构实例

图 4.6 ~ 4.11 所示是几种不同的模具结构。

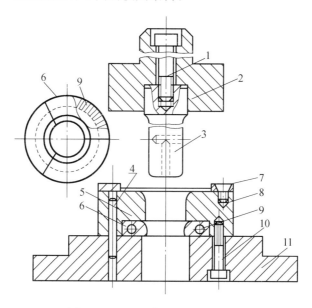

图 4.6　无压边装置的简单拉深模

1,8,10— 螺钉;2— 模柄;3— 凸模;4— 销钉;5— 凹模;6— 刮环子;

7— 定位板;9— 拉簧;11— 下模板

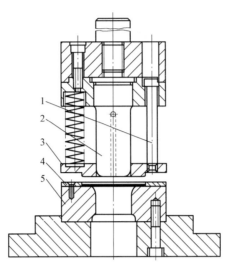

图 4.7　有压边装置的正装拉深模

1— 压边圈螺钉;2— 凸模;3— 压边圈;4— 定位板;5— 凹模

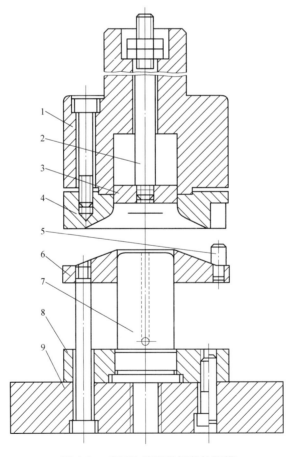

图 4.8　有压边装置的倒装拉深模

1— 上模座;2— 推杆;3— 推件板;4— 凹模;5— 限位柱;6— 压边圈;7— 凸模;8— 固定板;9— 下模座

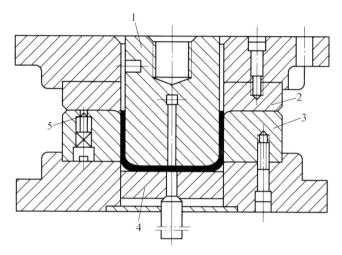

图 4.9 刚性压边圈模具(双动压力机使用)
1—凸模;2—压边圈;3—凹模;4—顶件块;5—定位销

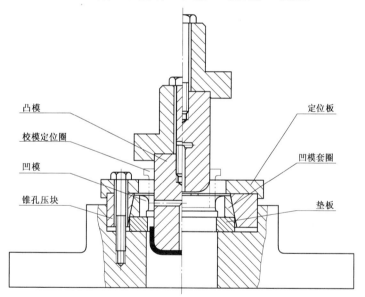

凸模

校模定位圈

凹模

锥孔压块

定位板

凹模套圈

垫板

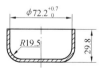

工 件 图
材料 20 钢
料厚 2.5

说明:模具没有压边装置,因此适用于拉深变形程度不大,相对厚度 (t/D) 较大的零件。凹模采用硬质合金压套在凹模套圈内,然后用锥形压块紧固在通用下模座内,硬质合金凹模比 Cr12 凹模的寿命提高近 5 倍。毛坯由定位板定位。模具没有专用卸件装置靠工件口部拉深后弹性恢复张开,在凸模上行时被凹模下底面刮落
为了保证装模时间隙均匀,还附有一专用的校模定位圈(图中以双点画线表示),工作时,应将校模定位圈拿开

图 4.10 正拉深简单模

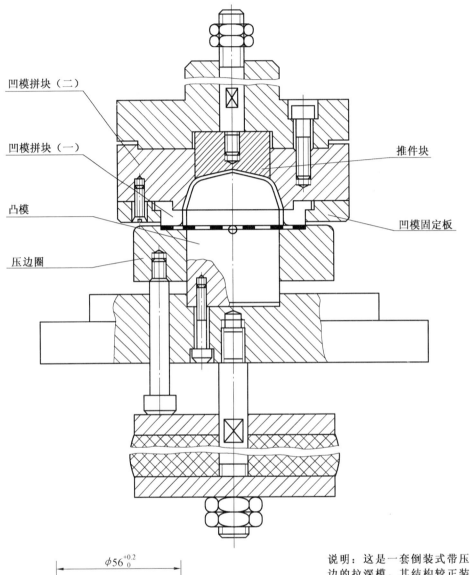

凹模拼块（二）

凹模拼块（一）

凸模

压边圈

推件块

凹模固定板

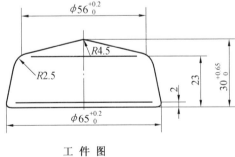

工 件 图

材料　08 钢

料厚　0.5

说明：这是一套倒装式带压
边的拉深模。其结构较正装
式的紧凑，因为可以利用下
模的弹顶器进行压边，且压
力和行程都较大。模具中的
压边圈起压边和顶件作用，
此外还起毛坯定位作用。推
件采用刚性推件装置，由于
推件块又是拉深件底部的成
形凹模，因此拉深终了，推
件块上顶面必须与模柄下底
面刚性接触。凹模采用硬质
合金以提高其寿命

图 4.11　倒装式带压边拉深模

4.5 拉深模工作部分的设计计算

1. 凹模与凸模圆角半径

在拉深过程中,板材在凹模圆角部分滑动时产生较大的弯曲变形,当进入筒壁后,会被重新拉直,或者在间隙内被校直。

若凹模的圆角半径过小,则板材在经过凹模圆角部分时的变形阻力以及在间隙内的阻力都要增大,结果势必引起总的拉深力增大和模具寿命的降低。

若凹模圆角半径过大,则拉深初始阶段不与模具表面接触的毛坯宽度加大,因而这部分毛坯很容易起皱。在拉深后期,过大的凹模圆角半径也会使毛坯外边缘过早地脱离压边圈的作用呈自由状态而起皱,尤其当毛坯的相对厚度小时,这种现象十分突出。

凸模圆角半径对拉深工作的影响不像凹模圆角半径那样显著。但过小的凸模圆角半径,会使毛坯在这个部分受到过大的弯曲变形,结果降低了毛坯危险断面的强度,使极限拉深系数增大。即使毛坯在危险断面不被拉裂,过小的凸模圆角半径也会引起危险断面的局部变薄,而且这个局部变薄和弯曲的痕迹经过以后各次拉深工序后,还会残留在零件的侧壁上,以致影响零件的表面质量。另外,在以后各次拉深时,压边圈的圆角半径等于前一次拉深工序的凸模的圆角半径,所以当凸模圆角半径过小时,在后续的拉深工序中毛坯沿压边圈的滑动阻力也要增大,这对拉深过程的进行是不利的。

若凸模圆角半径过大,也会在拉深初始阶段使不与模具表面接触的毛坯宽度加大,容易使这部分毛坯起皱。

在设计模具时,应该根据具体条件选取适当的圆角半径值,一般可按以下选取。

(1)凹模圆角半径。

首次拉深时的凹模圆角半径 r_{d1} 可由下式确定

$$r_{d1} = 0.8\sqrt{(D - D_d)t} \tag{4.23}$$

或

$$r_{d1} = C_1 C_2 t \tag{4.24}$$

式中　　D——毛坯直径,mm;

D_d——凹模内径,mm;

t——材料厚度,mm;

C_1——考虑材料力学性能的系数,对于软钢 $C_1 = 1$,对于紫铜、黄铜、铝 $C_1 = 0.8$;

C_2——考虑材料厚度与拉深系数的系数,见表4.15。

以后各次拉深的凹模圆角半径 r_{dn} 可逐渐缩小,一般可取 $r_{dn} = (0.6 \sim 0.8)r_{d(n-1)}$,不应小于 $2t$。

(2)凸模圆角半径。

除最后一次应取与零件底部圆角半径相等的数值外,其余各次可以取与 r_d 相等或略小一些的值,并且各道拉深凸模圆角半径 r_p 应逐次减小,即 $r_p = (0.7 \sim 1.0)r_d$。

表 4.15　拉深凹模圆角半径系数 C_2 值

材料厚度 /mm	拉深件直径 /mm	拉深系数 m_1		
		0.48 ~ 0.55	0.55 ~ 0.6	> 0.6
≤ 0.5	≤ 50	7 ~ 9.5	6 ~ 7.5	5 ~ 6
	50 ~ 200	8.5 ~ 10	7 ~ 8.5	6 ~ 7.5
	> 200	9 ~ 10	8 ~ 10	7 ~ 9
0.5 ~ 1.5	≤ 50	6 ~ 8	5 ~ 6.5	4 ~ 5.5
	50 ~ 200	7 ~ 9	6 ~ 7.5	5 ~ 6.5
	> 200	8 ~ 10	7 ~ 9	6 ~ 8
1.5 ~ 3	≤ 50	5 ~ 6.5	4.5 ~ 5.5	4 ~ 5
	50 ~ 200	6 ~ 7.5	5 ~ 6.5	4.5 ~ 5.5
	> 200	7 ~ 8.5	6 ~ 7.5	5 ~ 6.5

若零件的圆角半径要求小于 t,则最后一次拉深凸模圆角半径仍应取 t,然后增加一道整形来获得零件要求的圆角半径。

在实际设计工作中,为便于生产调整,常先选取比计算略小一点的数值,然后在试模调整时再逐渐加大,直到拉成合格零件时为止。

2. 凸、凹模结构形式

凸、凹模结构形式的设计应有利于拉深变形,这样既可以提高零件的质量,还可以选用较小的极限拉深系数。

下面介绍几种常用的结构形式。

(1) 无压边圈的拉深模。

对于能一次拉深成形的拉深件,其凸、凹模结构形式如图 4.12 所示。图 4.12(a) 为平端面带圆弧面凹模,适宜于大型零件。图 4.12(b) 为锥形凹模,图 4.12(c) 为渐开线形凹模,它们适用于中小型零件。后两种的凹模结构在拉深时毛坯的过渡形状呈空间曲面形状,因而增大了抗失稳能力,凹模口部对毛坯变形区的作用力也有助于毛坯产生切向压缩变形,减小摩擦阻力和弯曲变形的阻力,这些对拉深变形均是有利的(图 4.13),可以提高零件质量,并降低拉深系数。多次拉深时,其凸、凹模结构如图 4.14 所示。

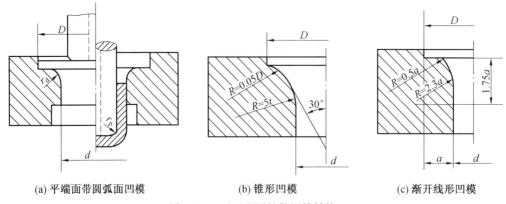

(a) 平端面带圆弧面凹模　　　　(b) 锥形凹模　　　　(c) 渐开线形凹模

图 4.12　无压边圈的拉深模结构

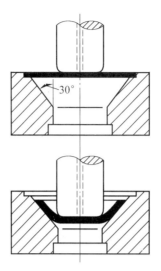

图 4.13 锥形凹模拉深特点

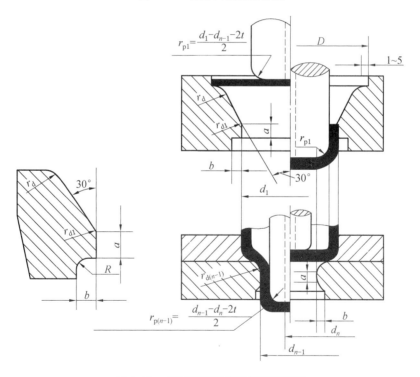

图 4.14 无压边圈的多次拉深模结构

$a = 5 \sim 10 \text{ mm}; b = 2 \sim 5 \text{ mm}$

（2）有压边圈的拉深模。

如图 4.15(a) 所示为常用的结构，多用于尺寸较小($d \leqslant 100$ mm) 的拉深件，而图 4.15(b) 为有斜角的凸模和凹模，此结构的优点是，毛坯在下一次拉深时容易定位，这样既减轻了毛坯的反复弯曲变形程度，改善了材料变形的条件，又减少了零件的变薄，同时也提高了零件侧壁的质量。它多用于尺寸较大的零件。

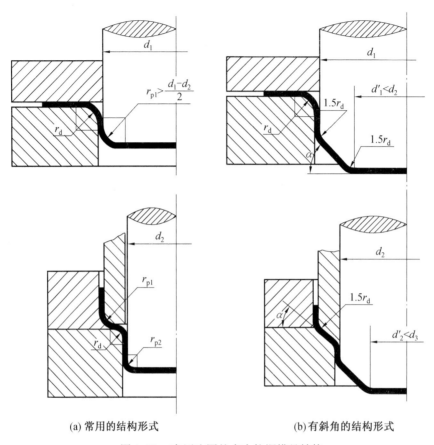

(a) 常用的结构形式   (b) 有斜角的结构形式

图 4.15   有压边圈的多次拉深模具结构

（3）带限制圈的结构。

对不经中间热处理的多次拉深的零件,在拉深后,易在口部出现龟裂,此现象对加工硬化严重的金属,如不锈钢、耐热钢、黄铜等尤为严重。为了改善这一状况,可以采用带限制圈的结构,即在凹模上部加一毛坯限制圈或者直接将凹模壁加高,具体可参考有关资料。

3. 凸、凹模间隙

拉深模的间隙 $C = (D_d - D_p)/2$ 是指单边间隙,间隙的影响如下:

（1）拉深力。间隙越小,拉深力越大。

（2）零件质量。间隙过大,容易起皱,而且使毛坯口部的变厚得不到消除,另外,也会使零件出现锥度。间隙过小,则会使零件拉断或变薄特别严重。故间隙过大或过小均会降低零件质量。

（3）模具寿命。间隙小,则磨损加剧。

因此,确定间隙的原则是:既要考虑板材本身的公差,又要考虑毛坯口部的增厚,间隙一般都比毛坯厚度略大一些。采用压边拉深时,其间隙值可按下式计算

$$C = t_{max} + Kt \qquad (4.25)$$

式中 t_{max} —— 材料的最大厚度,$t_{max} = t + \Delta$;

Δ —— 材料的正偏差;

t—— 材料的名义厚度;

K—— 增大系数,考虑材料的增厚以减小摩擦,其值见表4.16。

表4.16 增大系数 K 值

总拉深次数	拉深工序数	材料厚度 t/mm		
		0.5 ~ 2	2 ~ 4	4 ~ 6
1	一次	0.2(0)	0.1(0)	0.1(0)
2	第一次	0.3	0.25	0.2
	第二次	0.1(0)	0.1(0)	0.1(0)
3	第一次	0.5	0.4	0.35
	第二次	0.3	0.25	0.2
	第三次	0.1(0)	0.1(0)	0.1(0)
4	第一、二次	0.5	0.4	0.35
	第三次	0.3	0.25	0.2
	第四次	0.1(0)	0.1(0)	0.1(0)
5	第一、二、三次	0.5	0.4	0.35
	第四次	0.3	0.25	0.2
	第五次	0.1(0)	0.1(0)	0.1(0)

注:1. 表中数值适用于一般精度(按未注公差尺寸的极限偏差)零件的拉深工艺

2. 末次拉深工序括弧内的数值适用于较精密零件(IT11 ~ IT13 级)的拉深

材料厚度公差小或工件精度要求较高的,应取较小的间隙,在有压边圈拉深时,单边间隙数值按表4.17确定。

表4.17 有压边圈拉深时的单边间隙值

总拉深次数	拉深工序数	单边间隙 C
1	一次拉深	$(1 ~ 1.1)t$
2	第一次拉深	$1.1t$
	第二次拉深	$(1 ~ 1.05)t$
3	第一次拉深	$1.2t$
	第二次拉深	$1.1t$
	第三次拉深	$(1 ~ 1.05)t$
4	第一、二次拉深	$1.2t$
	第三次拉深	$1.1t$
	第四次拉深	$(1 ~ 1.05)t$
5	第一、二、三次拉深	$1.2t$
	第四次拉深	$1.1t$
	第五次拉深	$(1 ~ 1.05)t$

注:1. t 为材料厚度,取材料允许偏差的中间值

2. 当拉深精密零件时,最末一次拉深间隙取 $C = t$

生产实际中,当不用压边圈拉深时,考虑到起皱的可能性,间隙值可取材料厚度上限值 t_{max} 的 $1 \sim 1.1$ 倍,即 $C = (1 \sim 1.1) t_{max}$。其中较小的间隙值用于末次拉深或用于精密拉深件,较大的用于中间拉深或不太精密的拉深件。

对于精度要求高的零件,为了减小拉深后的回弹,获得高质量的表面,有时采用负间隙拉深,其间隙值可取 $C = (0.9 \sim 0.95)t$,处于材料的名义厚度和最小厚度之间。

4. 凸、凹模工作部分的尺寸及公差

(1) 凸、凹模工作部分的尺寸。

对于一次拉深件或多次拉深件的最后一道工序的拉深凸、凹模尺寸及制件的公差要求,若制件要求外形尺寸($D_{-\Delta}^{\ 0}$)时,应以凹模内径尺寸为基准进行计算,即

凹模尺寸

$$D_d = (D - 0.75\Delta)_{\ 0}^{+\delta_d} \tag{4.26}$$

凸模尺寸

$$D_p = (D - 0.75\Delta - 2C)_{-\delta_p}^{\ 0} \tag{4.27}$$

若制件要求内形尺寸($d_{\ 0}^{+\Delta}$)时,应以凸模尺寸为基准进行计算,即

凸模尺寸

$$D_p = (d + 0.4\Delta)_{-\delta_p}^{\ 0} \tag{4.28}$$

凹模尺寸

$$D_d = (d + 0.4\Delta + 2C)_{\ 0}^{+\delta_d} \tag{4.29}$$

式中　　D——制件外形基本尺寸,mm;

d——制件内形基本尺寸,mm;

Δ——制件公差,mm;

δ_p、δ_d——凸、凹模制造公差,mm;

C——凸、凹模间单边间隙,mm。

对于多次拉深的各中间过渡工序,其半成品毛坯的尺寸及公差不需严格限制,模具的尺寸等于毛坯的过渡尺寸,凸、凹模尺寸间隙取向没有规定。

(2) 凸、凹模的制造公差。

① 非圆形凸、凹模的制造公差可根据拉深件的尺寸精度确定。若制件的公差为IT12、IT13 级以上,则凸、凹模的制造公差可采用 IT8、IT9 级精度;制件的公差为 IT14 级以下时,凸、凹模的制造公差可采用 IT10 级精度。凸、凹模配作时,在凸模或凹模的一方标注制造公差,另一方则按间隙配作。

② 对于圆形凸、凹模的制造公差,根据制件的材料厚度与制件直径按表 4.18 选取。表中数值用于薄钢板的中间拉深工序,而末道工序的公差值取表中数值的 $\frac{1}{5} \sim \frac{1}{4}$,拉深有色金属时取表中数值的 $\frac{1}{2}$。

表 4.18　圆形拉深模凸、凹模的制造公差　　　　　　　　　　　mm

材料厚度	制　件　直　径							
	≤ 10		10 ~ 50		50 ~ 200		200 ~ 500	
t	δ_d	δ_p	δ_d	δ_p	δ_d	δ_p	δ_d	δ_p
0.25	0.015	0.010	0.02	0.010	0.03	0.015	0.03	0.015
0.35	0.020	0.010	0.03	0.020	0.04	0.020	0.04	0.025
0.50	0.030	0.015	0.04	0.030	0.05	0.030	0.05	0.035
0.80	0.040	0.025	0.06	0.035	0.06	0.040	0.06	0.040
1.00	0.045	0.030	0.07	0.040	0.08	0.050	0.08	0.060
1.20	0.055	0.040	0.08	0.050	0.09	0.060	0.10	0.070
1.50	0.065	0.050	0.09	0.060	0.10	0.070	0.12	0.080
2.00	0.080	0.055	0.11	0.070	0.12	0.080	0.14	0.090
2.50	0.095	0.060	0.13	0.085	0.15	0.110	0.17	0.120
3.50	—	—	0.15	0.100	0.18	0.120	0.20	0.140

5. 凸模的通气孔

制件在拉深时,由于拉深力的作用或润滑油等因素,制件很容易被黏附在凸模上。制件与凸模间形成真空,会增加卸件困难,造成制件底部不平。为此,凸模应设计有通气孔 (图 4.16),以便拉深后的制件容易卸脱。拉制不锈钢件或拉深大的制件,由于黏附力大,可在通气孔中通有高压气体或液体,以便拉深后将制件卸下。对于一般小型件拉深,可直接在凸模上钻出通气孔,其大小根据凸模尺寸而定,具体数值可从表 4.19 查得。

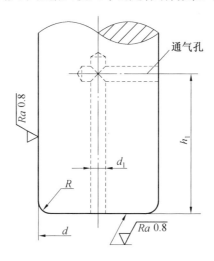

图 4.16　拉深凸模的通气孔

表 4.19 拉深凸模通气孔   mm

凸模直径 d	≤ 30	30 ~ 50	50 ~ 100	100 ~ 200	> 200
通气孔直径 d_1	≤ 3	5	6.5	8	9.5

通气孔的开口高度 h_1 应大于制件的高度 H,一般取

$$h_1 = H + (5 \sim 10)\,\text{mm} \tag{4.30}$$

式中 h_1——通气孔的开口高度,mm;

           H——制件的高度,mm。

第 5 章 冲模设计资料

5.1 冷冲模标准模架

表 5.1～表 5.9 列出了冷冲模滑动导向中的后侧导柱模架和中间导柱圆形模架的规格。

表 5.1 冲模滑动导向后侧导柱模架规格(摘自 GB/T 2851—2008) mm

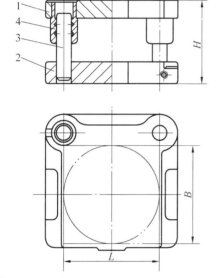

标记示例:$L = 200$ mm、$B = 125$ mm、$H = 170 ～ 205$ mm,I 级精度的冲模滑动导向后侧导柱模架标记为

滑动导向模架 后侧导柱 $200 \times 125 \times 170 ～ 205$
I GB/T 2851—2008

凹模周界		闭合高度(参考)H		零件件号、名称及标准编号			
				1	2	3	4
				上模座(GB/T 2855.1)	下模座(GB/T 2855.2)	导柱(GB/T 2861.1)	导套(GB/T 2861.3)
				数量/件			
				1	1	2	2
L	B	最小	最大	规格			
63	50	100	115	$63 \times 50 \times 20$	$63 \times 50 \times 25$	16×90	$16 \times 60 \times 18$
		110	125			16×100	
		110	130	$63 \times 50 \times 25$	$63 \times 50 \times 30$	16×100	$16 \times 65 \times 23$
		120	140			16×110	

续表 5.1

凹模周界		闭合高度（参考）H		零件件号、名称及标准编号			
				1	2	3	4
				上模座（GB/T 2855.1）	下模座（GB/T 2855.2）	导柱（GB/T 2861.1）	导套（GB/T 2861.3）
				数量/件			
L	B	最小	最大	1	1	2	2
				规格			
63	63	100	115	63×63×20	63×63×25	16×90	16×60×18
		110	125			16×100	
		110	130	63×63×25	63×63×30	16×100	16×65×23
		120	140			16×110	
80	63	110	130	80×63×25	80×63×30	18×100	18×65×23
		130	150			18×120	
		120	145	80×63×30	80×63×40	18×110	18×70×28
		140	165			18×130	
100	63	110	130	100×63×25	100×63×30	18×100	18×65×23
		130	150			18×120	
		120	145	100×63×30	100×63×40	18×110	18×70×28
		140	165			18×130	
80	80	110	130	80×80×25	80×80×30	20×100	20×65×23
		130	150			20×120	
		120	145	80×80×30	80×80×40	20×110	20×70×28
		140	165			20×130	
100	80	110	130	100×80×25	100×80×30	20×100	20×65×23
		130	150			20×120	
		120	145	100×80×30	100×80×40	20×110	20×70×28
		140	165			20×130	
125	80	110	130	125×80×25	125×80×30	20×100	20×65×23
		130	150			20×120	
		120	145	125×80×30	125×80×40	20×110	20×70×28
		140	165			20×130	

续表 5.1

凹模周界		闭合高度（参考）H		零件件号、名称及标准编号			
				1	2	3	4
				上模座（GB/T 2855.1）	下模座（GB/T 2855.2）	导柱（GB/T 2861.1）	导套（GB/T 2861.3）
				数量/件			
				1	1	2	2
L	B	最小	最大	规格			
100	100	110	130	100×100×25	100×100×30	20×100	20×65×23
		130	150			20×120	
		120	145	100×100×30	100×100×40	20×110	20×70×28
		140	165			20×130	
125	100	120	150	125×100×30	125×100×35	22×110	22×80×28
		140	165			22×130	
		140	170	125×100×35	125×100×45	22×130	22×80×33
		160	190			22×150	
160	100	140	170	160×100×35	160×100×40	25×130	25×85×33
		160	190			25×150	
		160	195	160×100×40	160×100×50	25×150	25×90×38
		190	225			25×180	
200	100	140	170	200×100×35	200×100×40	25×130	25×85×33
		160	190			25×150	
		160	195	200×100×40	200×100×50	25×150	25×90×38
		190	225			25×180	
125	125	120	150	125×125×30	125×125×35	22×110	22×80×28
		140	165			22×130	
		140	170	125×125×35	125×125×45	22×130	22×85×33
		160	190			22×150	
160	125	140	170	160×125×35	160×125×40	25×130	25×85×33
		160	190			25×150	
		170	205	160×125×40	160×125×50	25×160	25×95×38
		190	225			25×180	

续表 5.1

凹模周界		闭合高度（参考）H		零件件号、名称及标准编号			
				1	2	3	4
				上模座（GB/T 2855.1）	下模座（GB/T 2855.2）	导柱（GB/T 2861.1）	导套（GB/T 2861.3）
				数量/件			
				1	1	2	2
L	B	最小	最大	规格			
200	125	140	170	200×125×35	200×125×40	25×130	25×85×33
		160	190			25×150	
		170	205	200×125×40	200×125×50	25×160	25×95×38
		190	225			25×180	
250		160	200	250×125×40	250×125×45	28×150	28×100×38
		180	220			28×170	
		190	235	250×125×45	250×125×55	28×180	28×110×43
		210	255			28×200	
160	160	160	200	160×160×40	160×160×45	28×150	28×100×38
		180	220			28×170	
		190	235	160×160×45	160×160×55	28×180	28×110×43
		210	255			28×200	
200	160	160	200	200×160×40	200×160×45	28×150	28×100×38
		180	220			28×170	
		190	235	200×160×45	200×160×55	28×180	28×110×43
		210	255			28×200	
250		170	210	250×160×45	250×160×50	32×160	32×105×43
		200	240			32×190	
		200	245	250×160×50	250×160×60	32×190	32×115×48
		220	265			32×210	
200	200	170	210	200×200×45	200×200×50	32×160	32×105×43
		200	240			32×190	
		200	245	200×200×50	200×200×60	32×190	32×115×48
		220	265			32×210	

续表 5.1

凹模周界		闭合高度（参考）H		零件件号、名称及标准编号			
				1	2	3	4
				上模座（GB/T 2855.1）	下模座（GB/T 2855.2）	导柱（GB/T 2861.1）	导套（GB/T 2861.3）
				数量/件			
				1	1	2	2
L	B	最小	最大	规格			
250	200	170	210	250×200×45	250×200×50	32×160	32×105×43
		200	240			32×190	
		200	245	250×200×50	250×200×60	32×190	32×115×48
		220	265			32×210	
315		190	230	315×200×45	315×200×55	35×180	35×115×43
		220	260			35×210	
		210	255	315×200×50	315×200×65	35×200	35×125×48
		240	285			35×230	
250	250	190	230	250×250×45	250×250×55	35×180	35×115×43
		220	260			35×210	
		210	255	250×250×50	250×250×65	35×200	35×125×48
		240	285			35×230	
315		215	250	315×250×50	315×250×60	40×200	40×125×48
		245	280			40×230	
		245	290	315×250×55	315×250×70	40×230	40×140×53
		275	320			40×260	
400		215	250	400×250×50	400×250×60	40×200	40×125×48
		245	280			40×230	
		245	290	400×250×55	400×250×70	40×230	40×140×53
		275	320			40×260	

表 5.2　冲模滑动导向中间导柱圆形模架规格（摘自 GB/T 2851—2008）　　　mm

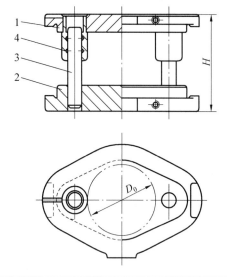

标记示例：$D_0 = 200$ mm、$H = 170 \sim 210$ mm，Ⅰ级精度的冲模滑动导向中间导柱圆形模架标记为

滑动导向模架　中间导柱圆形 200×170～210
Ⅰ　GB/T 2851—2008

凹模周界	闭合高度（参考）H		零件件号、名称及标准编号					
			1	2	3		4	
			上模座(GB/T 2855.1)	下模座(GB/T 2855.2)	导柱(GB/T 2861.1)		导套(GB/T 2861.3)	
			数量/件					
D_0	最小	最大	1	1	1	1	1	1
			规格					
63	100	115	63×20	63×25	16×90	18×90	16×60×18	18×60×18
	110	125			16×100	18×100		
	110	130	63×25	63×30	16×100	18×100	16×65×23	18×65×23
	120	140			16×110	18×110		
80	110	130	80×25	80×30	20×100	22×100	20×65×23	22×65×23
	130	150			20×120	22×120		
	120	145	80×30	80×40	20×110	22×110	20×70×28	22×70×28
	140	165			20×130	22×130		
100	110	130	100×25	100×30	20×100	22×100	20×65×23	22×65×23
	130	150			20×120	22×120		
	120	145	100×30	100×40	20×110	22×110	20×70×28	22×70×28
	140	165			20×130	22×130		

续表 5.2

凹模周界	闭合高度（参考）H		零件件号、名称及标准编号					
			1	2	3		4	
			上模座 (GB/T 2855.1)	下模座 (GB/T 2855.2)	导柱 (GB/T 2861.1)		导套 (GB/T 2861.3)	
			数量/件					
D_0	最小	最大	1	1	1	1	1	1
			规格					
125	120	150	125×30	125×35	22×110	25×110	22×80×28	25×80×28
	140	165			22×130	25×130		
	140	170	125×35	125×45	22×130	25×130	22×85×33	25×85×33
	160	190			22×150	25×150		
160	160	200	160×40	160×45	28×150	32×150	28×100×38	32×100×38
	180	220			28×170	32×170		
	190	235	160×45	160×55	28×180	32×180	28×110×43	32×110×43
	210	255			28×200	32×200		
200	170	210	200×45	200×50	32×160	35×160	32×105×43	35×105×43
	200	240			32×190	35×190		
	200	245	200×50	200×60	32×190	35×190	32×115×48	35×115×48
	220	265			32×210	35×210		
250	190	230	250×45	250×55	35×180	40×180	35×115×43	40×115×43
	220	260			35×210	40×210		
	210	255	250×50	250×65	35×200	40×200	35×125×48	40×125×48
	240	285			35×230	40×230		
315	215	250	315×50	315×60	45×200	50×200	45×125×48	50×125×48
	245	280			45×230	50×230		
	245	290	315×55	315×70	45×230	50×230	45×140×53	50×140×53
	275	320			45×260	50×260		
400	245	290	400×55	400×65	45×230	50×230	45×140×53	50×140×53
	275	315			45×260	50×260		
	275	320	400×60	400×75	45×260	50×260	45×150×58	50×150×58
	305	350			45×290	50×290		

续表 5.2

凹模周界	闭合高度（参考）H		零件件号、名称及标准编号			
			1	2	3	4
			上模座（GB/T 2855.1）	下模座（GB/T 2855.2）	导柱（GB/T 2861.1）	导套（GB/T 2861.3）
			数量/件			
D_0	最小	最大	1	1	1	1	1	1
			规格					
500	260	300	500×55	500×65	50×240	55×240	50×150×53	55×150×53
	290	325			50×270	55×270		
	290	330	500×65	500×80	50×270	55×270	50×160×63	55×160×63
	320	360			50×300	55×300		
630	270	310	630×60	630×70	55×250	60×250	55×160×58	60×160×58
	300	340			55×280	60×280		
	310	350	630×75	630×90	55×290	60×290	55×170×73	60×170×73
	340	380			55×320	60×320		

表 5.3 冲模滑动导向后侧导柱模架上模座（摘自 GB/T 2855.1—2008） mm

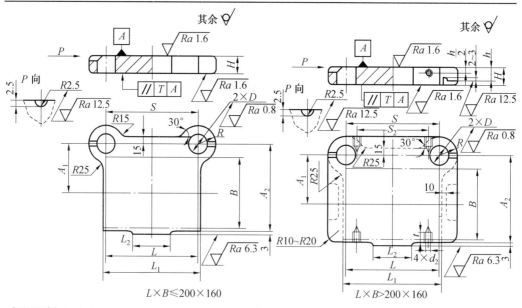

标记示例：$L = 200$ mm、$B = 160$ mm、$H = 45$ mm 的后侧导柱上模座记为

滑动导向上模座 200×160×45 GB/T 2855.1—2008

材料 HT200 GB 9439—2010

续表 5.3

凹模周界		H	h	L_1	S	A_1	A_2	R	L_2	D(H7)		d_2	t	S_2
L	B									基本尺寸	极限偏差			
63	50	20	—	70	70	45	75	25	40	25	+0.021 0	—	—	—
		25												
63	63	20		70	70									
		25												
80	63	25		90	94	50	85	28		28				
		30												
100	63	25		110	116									
		30												
80	80	25		90	94									
		30												
100	80	25		110	116	65	110	32	60	32				
		30												
125	80	25		130	130									
		30												
100	100	25		110	116						+0.025 0			
		30												
125	100	30		130	130	75	130	35		35				
		35												
160	100	35		170	170			38	80	38				
		40												
200	100	35		210	210									
		40												

续表 5.3

凹模周界		H	h	L_1	S	A_1	A_2	R	L_2	D(H7)		d_2	t	S_2
L	B									基本尺寸	极限偏差			
125		30		130	130	—		35	60	35				
		35												
160	125	35		170	170	85	150	38	80	38				
		40												
200		35		210	210							—	—	—
		40												
250		40	—	260	250				100					
		45												
160		40		170	170			42	80	42				
		45												
200	160	40		210	210	110	195				+0.025 0			
		45												
250		45		260	250				100					150
		50												
200		45		210	210			45	80	45				120
		50										M14−6H	28	
250	200	45	30	260	250	130	235							150
		50												
315		45		325	305									200
		50						50		50				
250		45		260	250				100					140
		50												
315	250	50		325	305	160	290					M16−6H	32	200
		55						55		55	+0.030 0			
400		50	35	410	390									280
		55												

注:压板台的形状和平面尺寸由制造厂决定

表 5.4　冲模滑动导向后侧导柱模架下模座（摘自 GB/T 2855.2—2008）　　　　　mm

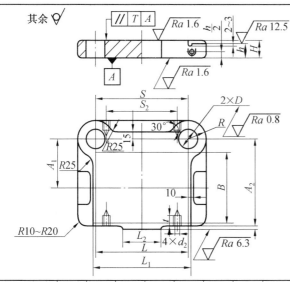

标记示例：$L = 250$ mm、$B = 200$ mm、$H = 50$ mm 的后侧导柱下模座记为

滑动导向下模座　250×200×50
GB/T 2855.2—2008
材料 HT200　GB 9439—2010

凹模周界		H	h	L_1	S	A_1	A_2	R	L_2	D（R7）		d_2	t	S_2
L	B									基本尺寸	极限偏差			
63	50	25	20	70	70	45	75	25	40	16				
		30												
63		25		70	70						−0.016			
		30									−0.034			
80	63	30		90	94	50	85	28		18				
		40												
100		30		110	116									
		40												
80		30		90	94									
		40												
100	80	30		110	116	65	110	32	60	20		—	—	—
		40												
125		30		130	130									
		40												
100		30	25	110	116						−0.020			
		40									−0.041			
125		35		130	130			35		22				
	100	40				75	130							
160		40	30	170	170			38	80	25				
		50												
200		40		210	210									
		50												

续表 5.4

凹模周界 L	凹模周界 B	H	h	L₁	S	A₁	A₂	R	L₂	D(R7) 基本尺寸	D(R7) 极限偏差	d₂	t	S₂
125	125	35 / 45	25	130	130			35	60	22	-0.020 / -0.041	—	—	—
160	125	40 / 50	30	170	170	85	150	38	80	25		—	—	—
200	125	40 / 50		210	210							—	—	—
250	125	45 / 55		260	250				100			—	—	—
160	160	45 / 55	35	170	170	110	195	42	80	28		—	—	—
200	160	45 / 55		210	210				80	28		—	—	—
250	160	50 / 60		260	250				100	28		M14-6H	28	150
200	200	50 / 60	40	210	210	130	235	45	80	32	-0.025 / -0.050			120
250	200	50 / 60		260	250			45	80	32				150
315	200	55 / 65		325	305			50	100	32				200
250	250	55 / 65		260	250			50	100	35				140
315	250	60 / 70	45	325	305	160	290	55	40	40		M16-6H	32	200
400	250	60 / 70		410	390			55						280

注:1. 压板台的形状和平面尺寸由制造厂决定

　　2. 安装 B 型导柱时,D(R7)改为 D(H7)

表 5.5　冲模滑动导向中间导柱圆形模架上模座(摘自 GB/T 2855.1—2008)　mm

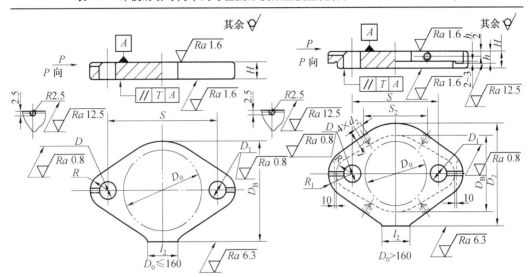

标记示例: $D_0 = 160$ mm、$H = 45$ mm 的中间导柱圆形上模座记为

滑动导向上模座　160×45　GB/T 2855.1—2008

材料 HT200　GB 9439—2010

凹模周界 D_0	H	h	D_B	D_2	S	R	R_1	l_2	D(H7) 基本尺寸	D(H7) 极限偏差	D_1(H7) 基本尺寸	D_1(H7) 极限偏差	d_2	t	S_2
63	20		70		100	28		50	25	+0.021 0	28	+0.021 0			
	25														
80	25		90		125			60	32		35				
	30					35									
100	25	—	110	—	145		—		32		35		—	—	—
	30														
125	30		130		170	38			35		38				
	35							80		+0.025 0		+0.025 0			
160	40		170		215	45			42		45				
	45														
200	45		210	280	260	50	85		45		50		M14−6H	28	180
	50	30													
250	45		260	340	315	55	95		50		55		M16−6H	32	220
	50														
315	50		325	425	390				60		65				280
	55	35				65	115	100							
400	55		410	510	475					+0.030 0		+0.030 0	M20−6H	40	380
	60														
500	55		510	620	580	70	125		65		70				480
	65	40													
630	60		640	758	720	76	135		70		76				600
	75														

注:压板台的形状和平面尺寸由制造厂决定

表 5.6　冲模滑动导向中间导柱圆形模架下模座(摘自 GB/T 2855.2—2008)　　mm

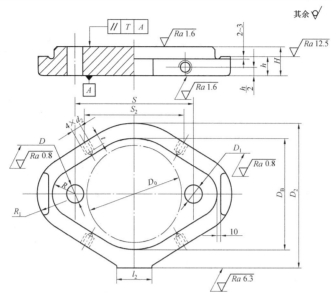

标记示例: $D_0=200$ mm、$H=60$ mm 的中间导柱圆形下模座记为

滑动导向下模座　200×60　GB/T 2855.2—2008

材料 HT200　GB 9439—2010

凹模周界 D_0	H	h	D_B	D_2	S	R	R_1	l_2	D(R7) 基本尺寸	D(R7) 极限偏差	D_1(R7) 基本尺寸	D_1(R7) 极限偏差	d_2	t	S_2
63	25	20	70	102	100	28	44	50	16	-0.016 / -0.034	18	-0.016 / -0.034			
	30														
80	30		90	136	125	35	58	60	20	-0.020 / -0.041	22	-0.020 / -0.041			
	40												—	—	—
100	30		110	160	145		60		20		22				
	40														
125	35	25	130	190	170	38	68	80	22	-0.041	25				
	45														
160	45	35	170	240	215	45	80		28		32				
	55														
200	50	40	210	280	260	50	85		32		35		M14-6H	28	180
	60														
250	55		260	340	315	55	95	100	35	-0.025 / -0.050	40	-0.025 / -0.050	M16-6H	32	220
	65														
315	60	45	325	425	390	65	115		45		50				280
	70														
400	65		410	510	475				45	-0.050	50		M20-6H	40	380
	75														
500	65		510	620	580	70	125		50		55	-0.030 / -0.060			480
	80														
630	70		640	758	720	76	135		55	-0.030 / -0.060	76				600
	90														

注: 1. 压板台的形状和平面尺寸由制造厂决定

　　2. 安装 B 型导柱时,D(R7)、D_1(R7)改为 D(H7)、D_1(H7)

表 5.7　冲模导向装置 A 型滑动导向导柱（摘自 GB/T 2861.1—2008）　　　　mm

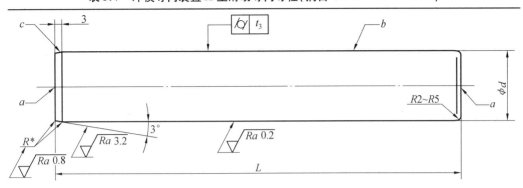

未注表面粗糙度为 Ra 6.3 μm。

a. 允许保留中心孔。

b. 允许开油槽。

c. 压入端允许采用台阶式导入结构。

注:R^* 由制造者决定

　　标记示例:$d=20$ mm、$L=120$ mm 的滑动导向 A 型导柱标记为

　　滑动导向导柱　A 20×120　　　GB/T 2861.1—2008

d 基本尺寸	极限偏差 h5	极限偏差 h6	L	d 基本尺寸	极限偏差 h5	极限偏差 h6	L
16			90	32			210
			100	35			160
			110				180
18	0 −0.008	0 −0.011	90				190
			100				200
			110				210
			120				230
			130	40	0 −0.011	0 −0.016	180
			150				190
			160				200
20	0 −0.009	0 −0.013	100				210
			110				230
			120				260
			130	45			190
			150				200
			160				230

续表5.7

d			L	d			L
基本尺寸	极限偏差		L	基本尺寸	极限偏差		L
	h5	h6			h5	h6	
22			100	45			260
			110				290
			120	50			200
			130				220
			150				230
			160		0 / −0.011	0 / −0.016	240
			180				250
25			110				260
			130				270
	0 / −0.009	0 / −0.013	150				280
			160				290
			170				300
			180	55			220
28			130				240
			150				250
			160				270
			170				280
			180				290
			190		0 / −0.013	0 / −0.019	300
			200				320
32			150	60			250
			160				270
	0 / −0.011	0 / −0.016	170				280
			180				290
			190				300
			200				320

注:1. Ⅰ级精度模架导柱采用 d(h5),Ⅱ级精度模架导柱采用 d(h6)

2. 材料由制造者选定,推荐采用 20Cr、GCr15。20Cr 渗碳深度为 0.8 ~ 1.2 mm,硬度为 HRC58 ~ 62;GCr15 硬度为 HRC58 ~ 62

3. 当 $d \leqslant 30$ mm 时,$t_3 = 0.004$ mm;当 $d > 30$ mm 时,$t_3 = 0.006$ mm。其他应符合 GB/T 12446—90 的规定

表 5.8 冲模导向装置 B 型滑动导向导柱(摘自 GB/T 2861.1—2008) mm

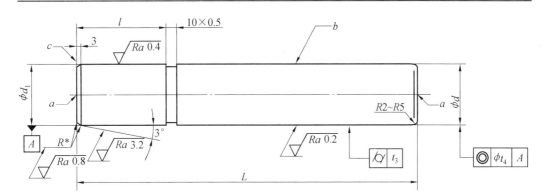

未注表面粗糙度为 Ra 6.3 μm。

a. 允许保留中心孔。

b. 允许开油槽。

c. 压入端允许采用台阶式导入结构。

注:R^* 由制造者决定

标记示例:$d=20$ mm、$L=120$ mm 的滑动导向 B 型导柱标记为

滑动导向导柱　B 20×120　　GB/T 2861.1—2008

d			d_1		L	l
基本尺寸	偏差		基本尺寸	偏差		
	h5	h6		r6		
16	0 −0.008	0 −0.011	16	+0.034 +0.023	90	25
					100	
					100	30
					110	
18			18		90	25
					100	
					100	30
					110	
					120	
					110	40
					130	

续表 5.8

d			d_1		L	l
基本尺寸	偏差		基本尺寸	偏差		
	h5	h6		r6		
20			20		100	30
					120	
					120	35
					110	40
					130	
22			22		100	30
					120	
					110	35
					120	
					130	
					110	40
					130	
	0	0		+0.041	130	45
	−0.009	−0.013		+0.028	150	
25			25		110	35
					130	
					130	40
					150	
					130	45
					150	
					150	50
					160	
					180	
28			28		130	40
					150	
					150	45
					170	

续表 5.8

d			d_1		L	l
基本尺寸	偏差		基本尺寸	偏差		
	h5	h6		r6		
28	0 −0.009	0 −0.013	28	+0.041 +0.028	150	50
					160	
					180	
					180	55
					200	
32	0 −0.011	0 −0.016	32	+0.050 +0.034	150	45
					170	
					160	50
					190	
					180	55
					210	
					190	60
					210	
35			35		160	50
					190	
					180	55
					190	
					210	
					190	60
					210	
					200	65
					230	
40			40		180	55
					210	
					190	60
					200	
					210	
					230	

续表 5.8

d 基本尺寸	偏差 h5	偏差 h6	d_1 基本尺寸	偏差 r6	L	l
40	0 −0.011	0 −0.016	40	+0.050 +0.034	200	65
					230	65
					230	70
					260	70
45			45		200	60
					230	60
					200	65
					230	65
					260	65
					230	70
					260	70
					260	75
					290	75
50	0 −0.011	0 −0.016	50	+0.050 +0.034	200	60
					230	60
					220	65
					230	65
					240	65
					250	65
					260	65
					270	65
					230	70
					260	70
					260	75
					290	75
					250	80
					270	80
					280	80
					300	80

续表 5.8

d			d_1		L	l
基本尺寸	偏差		基本尺寸	偏差		
	h5	h6		r6		
55	0 −0.013	0 −0.019	55	0.060 +0.041	220	65
					240	
					250	
					270	
					250	70
					280	
					250	75
					280	
					250	80
					270	
					280	
					300	
					290	90
					320	
60			60		250	70
					280	
					290	90
					320	

注:1. Ⅰ级精度模架导柱采用 d(h5)，Ⅱ级精度模架导柱采用 d(h6)

2. 材料由制造者选定，推荐采用 20Cr、GCr15。20Cr 渗碳深度为 0.8～1.2 mm，硬度为 HRC58～62；GCr15 硬度为 HRC58～62

3. 当 d≤30 mm 时，t_3 = 0.004 mm；当 d>30 mm 时，t_3 = 0.008 mm。当导柱采用 d(h5)时，t_4 = 0.006 mm；当导柱采用 d(h6)时，t_4 = 0.008 mm。其他应符合 GB/T 12446—90 的规定

4. 使用这种形式的导柱时，下模座的安装孔极限偏差为 H7

表5.9 冲模导向装置 A 型滑动导向导套（摘自 GB/T 2861.3—2008） mm

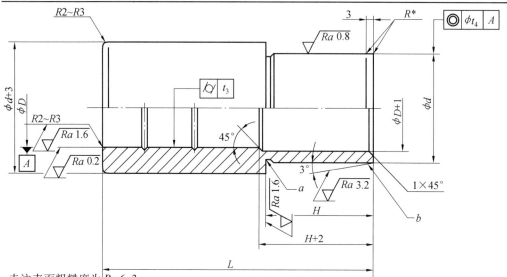

未注表面粗糙度为 Ra 6.3 μm。

a. 砂轮越程槽由制造者确定。

b. 压入端允许采用台阶式导入结构。

注：1. 油槽数量及尺寸由制造者确定。

　　2. R^* 由制造者决定。

标记示例：$D=20$ mm、$L=70$ mm、$H=28$ mm 的滑动导向 A 型导套标记为

滑动导向导套 A　20×70×28　GB/T 2861.3—2008

D			d(r6)		L	H
基本尺寸	偏差		基本尺寸	偏差		
	H6	H7				
16	+0.011 0	+0.018 0	25	+0.041 +0.028	60	18
					65	23
18			28		60	18
					65	23
					70	28
20	+0.013 0	+0.021 0	32	+0.050 +0.034	65	23
					70	28
22			35		65	23
					70	28
					80	28
					80	33
					85	33
25			38		80	28
					80	33
					85	33
					90	38
					95	38

续表 5.9

D 基本尺寸	偏差 H6	偏差 H7	d(r6) 基本尺寸	偏差	L	H
28	+0.013 0	+0.021 0	42	+0.050 +0.034	85	33
					90	38
					95	38
					100	38
					110	43
32			45		100	38
					105	43
					110	43
					115	48
35			50		105	43
					115	43
					115	48
					125	48
40			55		115	43
					125	48
					140	53
45	+0.016 0	+0.025 0	60		125	48
					140	53
					150	58
50			65	+0.060 +0.041	125	48
					140	53
					150	53
					150	58
					160	63
55	+0.019 0	+0.030 0	70	+0.062 +0.043	150	53
					160	58
					160	63
60			76		160	58
					170	73

注:1. Ⅰ级精度模架导套采用 D(H6)，Ⅱ级精度模架导套采用 D(H7)。

2. 导套压入式采用 d(r6)，黏结式采用 d(d3)。

3. 材料由制造者选定,推荐采用 20Cr、GCr15。20Cr 渗碳深度为 0.8 ~ 1.2 mm,硬度为 HRC58 ~ 62;GCr15 硬度为 HRC58 ~ 62

4. 当 $D \leqslant 30$ mm 时,$t_3 = 0.004$ mm;当 $D > 30$ mm 时,$t_3 = 0.006$ mm。当导套采用 D(H6)时,$t_4 = 0.005$ mm;当导套采用 D(H7)时,$t_4 = 0.008$ mm。其他应符合 GB/T 12446—90 的规定

5.2 冷冲模上有关螺钉孔的尺寸

1. 螺钉通过孔的尺寸

内六角螺钉通过孔的尺寸见表 5.10。

表 5.10 内六角螺钉通过孔的尺寸   mm

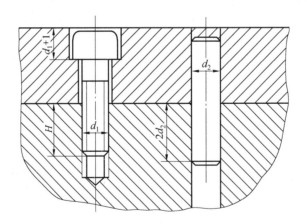

通过孔尺寸	螺钉						
	M6	M8	M10	M12	M16	M20	M24
d	7	9	11.5	13.5	17.5	21.5	25.5
D	11	13.5	16.5	19.5	25.5	31.5	37.5
H_{min}	3	4	5	6	8	10	12
H_{max}	25	35	45	55	75	85	95

2. 螺钉旋进的最小深度、窝座最小深度及圆柱销配合长度

螺钉旋进的最小深度、窝座最小深度及圆柱销配合长度如图 5.1 所示。

图 5.1 冷冲模螺钉、销钉的装配尺寸
对于钢 $H = d_1$;对于铸铁 $H = 1.5d_1$

3. 卸料螺钉孔尺寸

卸料螺钉孔尺寸见表 5.11。

表 5.11 卸料螺钉孔的尺寸 mm

d	d_1	d_2	D	h_1	
				圆柱头卸料螺钉	内六角卸料螺钉
M4	6	6.5	12	3.5	6
M6	8	8.5	14	5	8
M8	10	10.5	16	6	10
M10	12	13	20	7	12
M12	14	15	26	8	16
M16	20	21	32	9	20
M20	24	25	38	10	24

注:$a_{min}=0.5d_1$,使用垫板时,为垫板厚度

H 在扩孔情况下为 h_1+h_2+4,如使用垫板时可全部打通

h_2 为卸料板行程

B 为弹簧(橡皮)压缩后的高度

扩孔的直径 D 可以按螺钉头部外径配钻,扩孔的参考数值列于表中

4. 螺孔攻螺纹前钻孔直径

(1)当螺距 $t \leqslant 1$ mm 时,钻孔直径为

$$d_0 = d_M - t$$

(2)当螺距 $t > 1$ mm 时,钻孔直径为

$$d_0 = d_M - (1.04 \sim 1.06)t$$

式中 d_0——钻孔直径,mm;

d_M——螺纹公称直径,mm。

5.3 部分冷冲模零件标准

1. 圆凸模、圆凹模

圆凸模、圆凹模的形式和尺寸见表 5.12 ~ 表 5.15。

表 5.12 快换圆凸模尺寸 mm

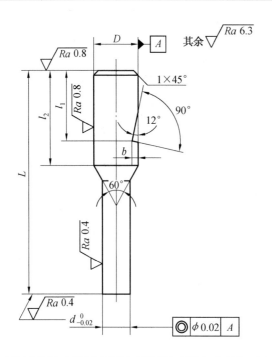

标记示例:

圆凸模 $(d) \times (L)$ GB 2863.3—81

	d	5 ~ 9	9 ~ 14	14 ~ 19	19 ~ 24	24 ~ 29
D (h6)	基本尺寸	10	15	20	25	30
	极限偏差	0 −0.009	0 −0.011	0 −0.013		
L		65	70	75	80	85
l_1		18	22	26	30	35
l_2		25	30	35	40	45
b		1.5	2	2.5	3	4

注:1. 材料:T10A GB/T 1298—2008

2. 热处理:淬火至 HRC56 ~ 60

3. 技术条件:按 GB 2870—81 的规定

表 5.13　圆凸模形式和尺寸　　　　　　　　　　　　　　　　　　　　mm

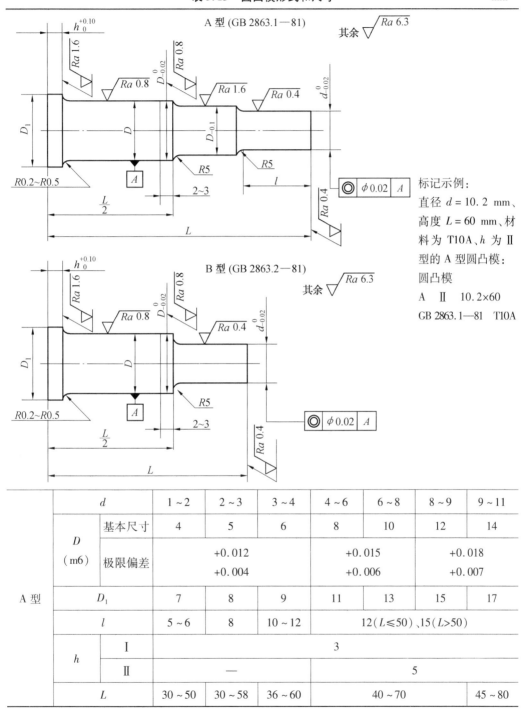

标记示例:
直径 $d = 10.2$ mm、
高度 $L = 60$ mm、材
料为 T10A、h 为 Ⅱ
型的 A 型圆凸模:
圆凸模
A　Ⅱ　10.2×60
GB 2863.1—81　T10A

	d	1 ~ 2	2 ~ 3	3 ~ 4	4 ~ 6	6 ~ 8	8 ~ 9	9 ~ 11
A 型	D (m6) 基本尺寸	4	5	6	8	10	12	14
	D (m6) 极限偏差		+0.012 +0.004			+0.015 +0.006		+0.018 +0.007
	D_1	7	8	9	11	13	15	17
	l	5 ~ 6	8	10 ~ 12	12($L \leqslant 50$)、15($L > 50$)			
	h Ⅰ	3						
	h Ⅱ	—			5			
	L	30 ~ 50	30 ~ 58	36 ~ 60	40 ~ 70			45 ~ 80

续表 5.13

A 型	d		11 ~ 13	13 ~ 15	15 ~ 18	18 ~ 20	20 ~ 24	24 ~ 26	26 ~ 30
	D (m6)	基本尺寸	16	18	20	22	25	30	32
		极限偏差	+0.018 +0.007			+0.021 +0.008			+0.025 +0.009
	D_1		19	22	24	26	30	35	38
	l		14(L≤55)、18(L>55)		15(L≤55)、20(L≤80)、30(L>80)				
	h	I	3						
		II	6						
	L		45 ~ 80	45 ~ 90	52 ~ 100				
B 型	d		3 ~ 4	4 ~ 6	6 ~ 8	8 ~ 9	9 ~ 11	11 ~ 13
	D (m6)	基本尺寸	6	8	10	12	14	16
		极限偏差	+0.012 +0.004	+0.015 +0.006		+0.018 +0.007		
	D_1		9	11	13	15	17	19
	h	I	3					
		II	—	5				6
	L		36 ~ 50	40 ~ 55				
B 型	d		13 ~ 15	15 ~ 18	18 ~ 20	20 ~ 24	24 ~ 26	26 ~ 30
	D (m6)	基本尺寸	18	20	22	25	30	32
		极限偏差	+0.018 +0.007		+0.021 +0.008			+0.025 +0.009
	D_1		22	24	26	30	35	38
	h	I	3					
		II	6					
	L		40 ~ 70		50 ~ 70			

注:1. 材料:T10A　GB/T 1298—2008,9Mn2V、Cr12MoV、Cr12、CrWMn　GB/T 1299—2000

    2. 热处理:9Mn2V、Cr12MoV、Cr12 硬度为 HRC58 ~ 62,尾部回火至 HRC40 ~ 50;T10A、CrWMn 硬度为 HRC56 ~ 60,尾部回火至 HRC40 ~ 50

    3. 技术条件:按 GB 2870—81 的规定

表 5.14　圆凹模形式和尺寸 　　　　　　　　　　　　　　　mm

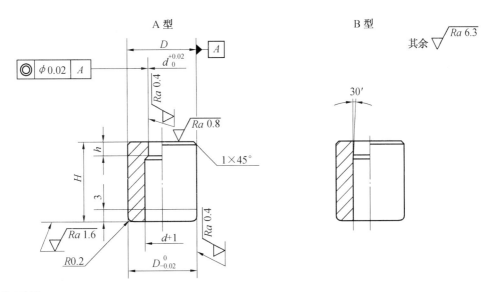

标记示例:

孔径 $d = 8.6$ mm、刃壁高度 $h = 4$ mm、高度 $H = 22$ mm、材料为 T10A 的 A 型圆凹模:

凹模　A　8.6×4×22　GB 2863.4—81　T10A

	d	1 ~ 2	2 ~ 4	4 ~ 6	6 ~ 8	8 ~ 10	10 ~ 12	12 ~ 15	15 ~ 18	18 ~ 22	22 ~ 28
D (m6)	基本尺寸	8	12	14	16	20	22	25	30	35	40
	极限偏差	+0.015 +0.006	+0.018 +0.007				+0.021 +0.008		+0.025 +0.009		
h	Ⅰ	3			4		6		8		
	Ⅱ	5			6		8		10		
H 范围		14、16	14 ~ 22	14 ~ 28	16 ~ 35	20 ~ 35	22 ~ 35		25 ~ 35	28 ~ 35	
H 系列		14、16、18、20、22、25、28、30、35									

注:1. 材料:T10A　GB/T 1298—2008,Cr12、9Cr12、9Mn2V、CrWMn　GB/T 1299—2000

　　2. 热处理:淬火至 HRC58 ~ 62

　　3. 技术条件:按 GB 2870—81 的规定

表 5.15　带肩圆凹模形式和尺寸　　　　　　　　　　　　　　mm

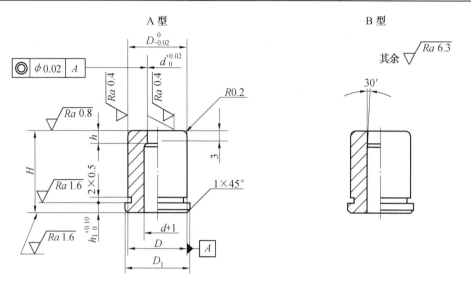

标记示例：

孔径 $d=8.6$ mm、刃壁高度 $h=6$ mm、高度 $H=22$ mm、材料为 T10A 的 A 型带肩圆凹模：

圆凹模　A　8.6×6×22　GB 2863.5—81　T10A

	d	1~2	2~4	4~6	6~8	8~10	10~12	12~15	15~18	18~22	22~28
D（m6）	基本尺寸	8	12	14	16	20	22	25	30	35	40
	极限偏差	+0.015 +0.006	+0.018 +0.007				+0.021 +0.008		+0.025 +0.009		
	D_1	11	16	18	20	25	27	30	35	40	45
I	h		3		4		6		8		
	h_1					3					
II	h		5		6		8		10		
	h_1		5				6				
	H 范围	14~18	16~22	16~28	18~35		20~35			28~35	
	H 系列	14、16、18、20、22、25、28、30、35									

注：1. 材料：T10A　GB/T 1298—2008，Cr12、9Mn2V　GB/T 1299—2000

　　2. 热处理：淬火至 HRC58~62

　　3. 技术条件：按 GB 2870—81 的规定

2.定位(定距)零件

定位(定距)零件的尺寸见表5.16～表5.25。

表5.16　导料板尺寸　　　　　　　　　mm

图中标注：b*、Ra 6.3、其余、Ra 1.6、15°、R1、R5、B、L、10、H

标记示例:

长度 $L=100$ mm、宽度 $B=30$ mm、厚度 $H=8$ mm、材料为 Q235 的导料板:

导料板 100×30×8

GB 2865.5—81

Q235

L	B	H	L	B	H	L	B	H	L	B	H
50	15	4	83	20	4	100	45	10	125	20	6
		6			6			12		25	6
	20	4		25	6	120	20	4			8
		6			8			6		30	6
63	15	4		30	6		25	6			8
		6			8			8		35	6
	20	4		35	6		30	6			8
		6			8			8		40	6
70	15	4	120	20	4		35	6			8
		6			6			8			10
	20	4		25	6		40	6		45	8
		6			8			8			10
80	20	4		30	6			10			12
		6			8		45	8	140	20	4
	25	6		35	6			10			6
		8			8			12		25	6
	30	6		40	6		50	8			8
		8			8			10		45	8
	35	6			10			12			10
		8		45	8	125	20	4			12
140	30	6			12			6		50	8
		8	160	50	8		35	8			10
	35	6			10			10			12
		8			12	200	40	6	240	45	10
	40	6	165	25	6			8			12
		8			8			10		55	10
		10		30	6		45	8			12
	45	8			8			10			15
		10			10			12		60	10
		12		35	6		50	8			12
	50	8			8			10			15
		10			10			12		65	12
		12		40	6		55	10			15

注:1.材料:Q235　GB/T 700—2006,45 钢　GB/T 699—2015。　2.热处理:45 钢,调质至 HRC28～32

3.技术条件:按GB/T 2870—81的规定　4.b^* 系设计修正量

表 5.17　冲模承料板尺寸

mm

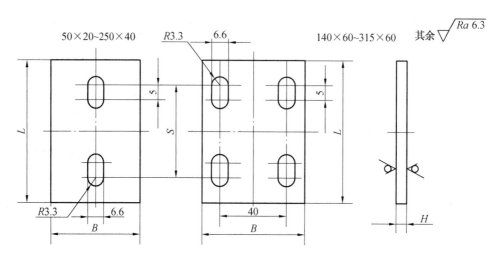

标记示例:

长度 $L=100$ mm、宽度 $B=40$ mm 的承料板:

承料板 100×40 GB 2865.6—81

L	B	H	S	L	B	H	S
50			35	160			140
63			48	200	40		175
80	20		65	250			225
100		2	85	140		3	120
125			110	160			140
140			120	200	60		175
100			85	250			225
125	40		110	280		4	250
140		3	120	315			285

注:1. 材料:Q235　GB/T 700—2006

　　2. 技术条件:按 GB 2870—81 的规定

表 5.18 冲模侧刃尺寸 mm

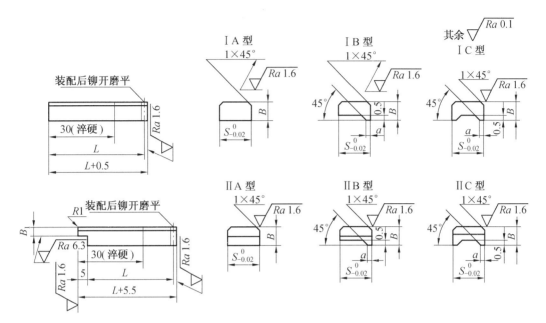

标记示例:

侧刃步距 $S=15.2$ mm、宽度 $B=10$ mm、高度 $L=50$ mm、材料为 T10A 的 ⅡA 型侧刃:

侧刃 ⅡA 15.2×10×50 GB 2865.1—81 T10A

S	5～10		10～15	15～30	30～40
B	4	6	8	10	12
B_1	2	3	4	5	6
a	1.2～1.5		2		2.5
L	45、50		50、55	50、55、60、65	55、60、65、70

注:1. 材料:T10A GB/T 1298—2008,9Mn2V、CrWMn、Cr12 GB/T 1299—2000

2. 热处理:9Mn2V、Cr12 硬度为 HRC58～62;T10A、CrWMn 硬度为 HRC56～60

3. 技术条件:按 GB 2870—81 的规定

表 5.19　冲模始用挡料装置中的始用挡料块　　　　　　　　mm

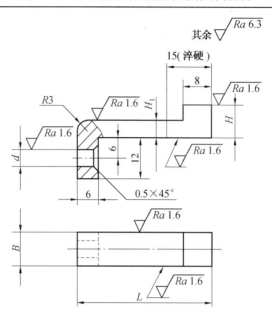

标记示例:

长度 $L = 45$ mm、厚度 $H = 6$ mm 的始用挡料块:

挡料块　45×6　GB 2866.1—81

L	B(f9)		H(c12、c13)		H_1(f9)		d(H7)	
	基本尺寸	极限偏差	基本尺寸	极限偏差	基本尺寸	极限偏差	基本尺寸	极限偏差
35	6	−0.010 −0.040	6	−0.070 −0.190	2	−0.006 −0.031	3	+0.010 0
40								
45								
50	8	−0.013 −0.049	8	−0.080 −0.300	4		4	+0.012 0
55								
60	10		10		5	−0.010 −0.040		
65								
70								
75	12	−0.016 −0.059	12	−0.095 −0.365	6		6	
80								
85								

注:1. 材料:45 钢　GB/T 699—2015

　　2. 热处理:硬度为 HRC43~48

　　3. 技术条件:按 GB 2870—81 的规定

表 5.20　弹簧弹顶挡料装置中的弹簧弹顶挡料销尺寸　　　　　　　　　　mm

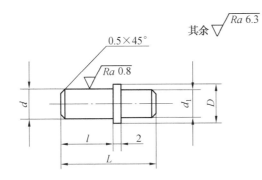

标记示例：

$d = 6$ mm、$L = 22$ mm 的弹簧弹顶挡料销：

弹簧弹顶挡料销

6×22　GB 2866.5—81

d (d9)		D	d_1	l	L	d (d9)		D	d_1	l	L
基本尺寸	偏差					基本尺寸	偏差				
4		6	3.5	10	18	10	−0.040 −0.076	12	8	18	30
				12	20					20	32
6	−0.030 −0.060	8	5.5	10	20	12		14	10	22	34
				12	22					24	36
				14	24		−0.050 −0.093			28	40
				16	26	16		18	14	24	36
8	−0.040 −0.076	10	7	12	24					28	40
				14	26					35	50
				16	28	20	−0.065 −0.117	23	15	35	50
				18	30					40	55
10		12	8	14	26					45	60
				16	28						

注：1. 材料：45 钢　GB/T 699—2015

　　2. 热处理：硬度为 HRC43~48

　　3. 技术条件：按 GB 2870—81 的规定

表 5.21　扭簧弹顶挡料装置中的挡料销尺寸　　　　　　　　　　　　　mm

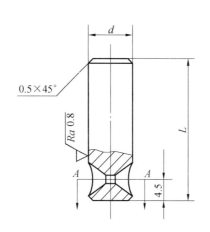
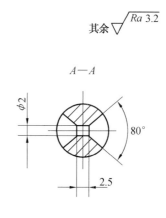

标记示例:$d=8$ mm、$L=24$ mm 的挡料销:

挡料销　8×24　GB 2866.6—81

d(d11)		L
基本尺寸	偏差	
4		18
6	−0.030 −0.105	18
		20
		22
8	−0.040 −0.130	22
		24
		28
10		28
		30

注:1. 材料:45 钢　GB/T 699—2015

　　2. 热处理:硬度为 HRC43 ~ 48

　　3. 技术条件:按 GB 2870—81 的规定

表 5.22 扭簧弹顶挡料装置中扭簧的结构与尺寸   mm

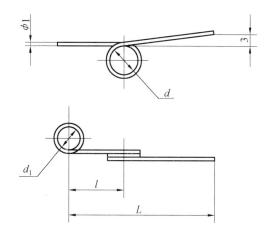

标记示例:

直径 d = 6 mm、长度 L = 35 mm 的弹顶挡料装置中的扭簧:

扭簧 6×35 GB 2866.6—81

d	d_1	L	l
6	4.5	30	10
		35	
8	6.5	35	15
		40	20

注:1. 材料:65Mn 弹簧钢丝 GB/T 1222—2007

     2. 热处理:硬度为 HRC42～46

表 5.23　冲模固定挡料销　　　　　　　　　　　　　　　　　　　　mm

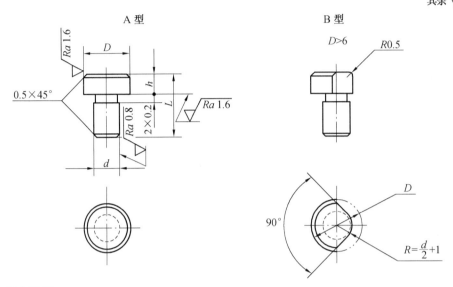

标记示例：

直径 $D=15$ mm、$d=8$ mm、高度 $h=3$ mm 的 A 型固定挡料销：

固定挡料销　A 15×8×3　GB 2866.11—81

D（h11）		d（m6）		h	L	D（h11）		d（m6）		h	L
基本尺寸	极限偏差	基本尺寸	极限偏差			基本尺寸	极限偏差	基本尺寸	极限偏差		
4	0 −0.075	3	+0.008 +0.002	2	8	15	0 −0.110	8	+0.015 +0.006	3	
										6	
6		4		3				10		3	18
8	0 −0.090		+0.012 +0.004	2	10	18		12	+0.018 +0.007	6	
10		6		3		20	0 −0.130	10	+0.015 +0.006		20
				5				14	+0.018 +0.007	8	
12	0 −0.110	8	+0.015 +0.006	3	14	25		12			22
				5				18			

注：1. 材料：45 钢　GB/T 699—2015

　　2. 热处理：硬度为 HRC42～46

　　3. 技术条件：按 GB 2870—81 的规定

表 5.24 橡胶垫弹顶挡料销   mm

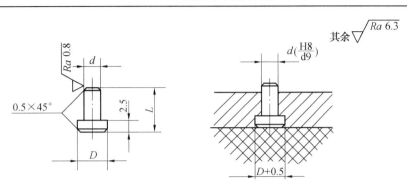

标记示例:

直径 d = 6 mm、长度 L = 14 mm 的橡胶垫弹顶挡料销:

挡料销 6×14 GB 2866.7—81

d (d9)		D	L	d (d9)		D	L
基本尺寸	极限偏差			基本尺寸	极限偏差		
3	−0.020 −0.045	5	8	6	−0.030 −0.060	8	14
			10				16
			12				18
			14				20
			16				10
4	−0.030 −0.060	6	8	8	−0.040 −0.076	10	16
			10				18
			12				20
			14				22
			16				24
			18	10		13	16
6		8	8				20
			12				

注:1. 材料:45 钢 GB/T 699—2015

    2. 热处理:硬度为 HRC43~48

    3. 技术条件:按 GB 2870—81 的规定

表 5.25 A 型导正销尺寸   mm

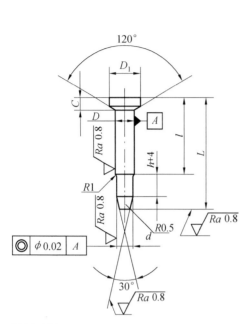

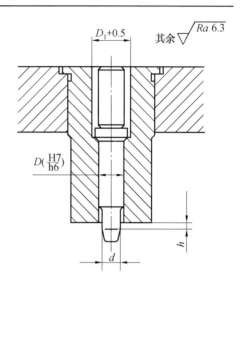

标记示例:

直径 $d=6$ mm、长度 $L=28$ mm 的 A 型导正销:

导正销 A 6×28 GB 2864.1—81

d(h6)		D(h6)		D_1	L	l	C
基本尺寸	极限偏差	基本尺寸	极限偏差				
<3	0 -0.006	5	0 -0.008	8	24	14	2
3~6	0 -0.008	7	0 -0.009	10	28	18	
6~8	0 -0.009	9		12	32	20	
8~10		11	0 -0.011	14	34	22	3
10~12	0 -0.011	13		16	36	24	

注:1. h 尺寸设计时确定

2. 材料:T8A GB/T 1298—2008

3. 热处理:硬度为 HRC50~54

4. 技术条件:按 GB 2870—81 的规定

3. 卸料及压料零件

卸料及压料零件的尺寸见表5.26～表5.28。

表5.26 顶板尺寸 mm

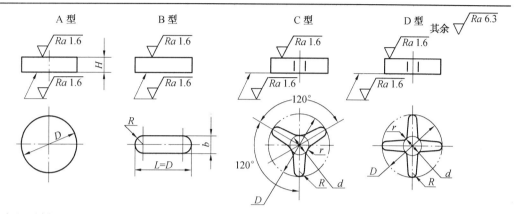

标记示例:

直径 $D=40$ mm 的 A 型顶板:

顶板 A 40 GB 2867.4—81

D	d	R	r	H	b
20	—	—	—	4	8
25	15	4	3	4	8
30	16	4	3	5	8
35	18	4	3	5	8
40	20	5	4	6	10
50	25	5	4	6	10
60	25	6	5	7	12
70	30	6	5	7	12
80	30	6	5	9	12
95	32	8	6	9	16
110	35	8	6	12	16
120	42	9	7	12	18
140	45	9	7	14	18
160	55	11	8	14	22
180	55	11	8	18	22
210	70	12	9	18	24

注:1.材料:45 钢　GB/T 699—2015

2.热处理:硬度为 HRC43～48

3.技术条件:按 GB 2870—81 的规定

表5.27 顶杆尺寸   mm

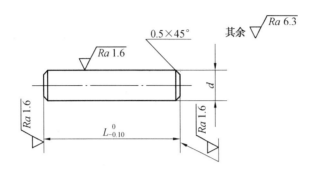

标记示例:

直径 $d=8$ mm、长度 $L=40$ mm 的顶杆:

顶杆 8×40 GB 2867.3—81

d(c11、b11)		L	d(c11、b11)		L
基本尺寸	极限偏差		基本尺寸	极限偏差	
4 6	−0.070 −0.145	15、20、25	16	−0.150 −0.260	85
		30、35、40			90
		45			95
8 10	−0.080 −0.170	25、30、35			100
		40、45、50			105
		55、60、65			110
12 16	−0.150 −0.260	35、40、45			115
		50、55、60			120
		65、70、75			125
		80			130

注:1. 当 $d \leqslant 10$ mm 时,极限偏差为 c11;当 $d > 10$ mm 时,极限偏差为 b11

    2. 材料:45 钢 GB/T 699—2015

    3. 热处理:硬度为 HRC43~48

    4. 技术条件:按 GB 2870—81 的规定

表 5.28　带肩推杆尺寸　　　　　　　　　　　　　　　　　　　　　　　　mm

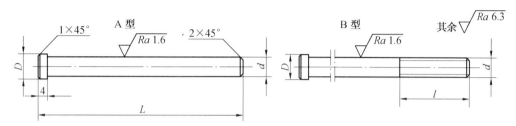

标记示例：

直径 $d=8$ mm、长度 $L=90$ mm 的 A 型带肩推杆：

推杆 A　8×90　GB 2867.1—81

第一组

d A型	d B型	L	D	l
6	M6	40	8	—
		45		
		50		
		55		
		60		
		70		
		80		
		90		
		100		20
		110		
		120		
		130		
8	M8	50	10	—
		55		
		60		
		65		
		70		
		80		
		90		25
		100		
		110		
		120		
		130		
		140		
		150		
10	M10	60	13	—
		65		
		70		
		75		
		80		
		90		

第二组

d A型	d B型	L	D	l
10	M10	100	13	30
		110		
		120		
		130		
		140		
		150		
		160		
		170		
12	M12	70	15	—
		75		
		80		
		85		
		90		35
		100		
		110		
		120		
		130		
		140		
		150		
		160		
		170		
		180		
		190		
16	M16	80	20	—
		90		
		100		
		110		40
		120		
		130		
		140		
		150		

第三组

d A型	d B型	L	D	l
16	M16	160	20	40
		180		
		200		
		220		
20	M20	90	24	—
		100		
		110		
		120		
		130		45
		140		
		150		
		160		
		180		
		200		
		220		
		240		
		260		
25	M25	100	30	—
		110		
		120		
		130		
		140		
		150		
		160		50
		180		
		200		
		220		
		240		
		260		
		280		

注：1. 材料：45 钢　GB/T 699—2015

　　2. 热处理：硬度为 HRC43～48

　　3. 技术条件：按 GB 2870—81 的规定

4. 模板

模板的尺寸见表 5.29 ~ 5.34。

表 5.29　矩形凹模板尺寸　　　　　　　　　　mm

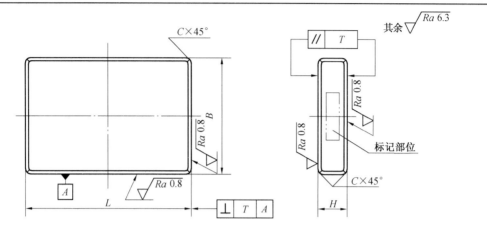

标记示例:长度 $L = 125$ mm、宽度 $B = 100$ mm、厚度 $H = 20$ mm、材料为 T10A 的矩形凹模板:

凹模板　125×100×20　GB 2858.1—81　T10A

L	B	H	C	L	B	H	C	L	B	H	C
63	63	10		125	125	14		200	160	16	
		12				16				20	
		14				18				22	
		16				20				25	
		18				22				28	1.5
		20				25				32	
80	80	12		(140)		14		250	200	18	
		14				18				22	
		16				20				25	
		18				22				28	
		20	1			25				32	
		22				28	1.5			35	
100	80	12		160	(140)	14		(280)	250	20	
		14				18				25	
		16				20				28	
		18				22				32	
		20				25				35	2
		22				28				40	
125	100	14		200		14		315	250	20	
		16				18				28	
		18				20				32	
		20				22				35	
		22				25				40	
		25				28				45	

注:1. 括号内的尺寸尽可能不采用

　　2. 材料:T10A　GB/T 1298—2008,Cr12、CrWMn、9Mn2V、Cr12MoV　GB/T 1299—2000

　　3. 热处理:硬度自定

　　4. 技术条件:按 GB 2870—81 的规定

表 5.30　矩形模板尺寸　　　　　　　　　　　　mm

本标准一般适用于凸模固定板、卸料板、空心垫板、凹模框等。

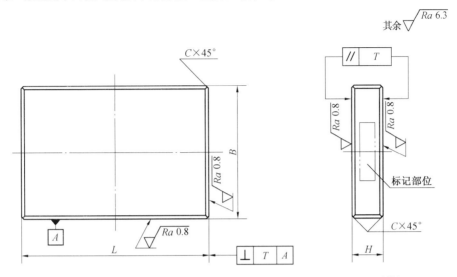

标记示例:长度 $L=125$ mm、宽度 $B=100$ mm、厚度 $H=20$ mm、材料为 Q235 的矩形模板:
模板　125×100×20　GB 2858.2—81　Q235

L	B	H	C	L	B	H	C	L	B	H	C
63	63	6	1	125	125	10	1.5	200	160	14	1.5
		8				12				16	
		10				14				18	
		12				16				20	
80	80	14		(140)	(140)	18		250	200	22	
		16				20				25	
		18				22				28	
100	80	8	1	160	125	12	1.5	(280)	250	18	2
		10				14				20	
		12				16				22	
		14				18				25	
125	100	16		200	160	20		315		28	
		18				22				32	
		20				25				35	

注:1.括号内的尺寸尽可能不采用

　　2.材料:Q235　GB/T 700—2006,45 钢　GB/T 699—2015

　　3.热处理:45 钢硬度自定

　　4.技术条件:按 GB 2870—81 的规定

表 5.31　圆形凹模板尺寸　　　　　　　　mm

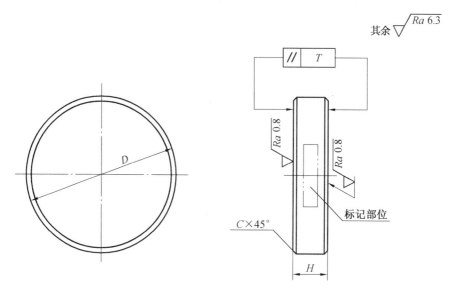

标记示例:

直径 $D=100$ mm、厚度 $H=16$ mm、材料为 T10A 的圆形凹模板:

凹模板　100×16　GB 2858.4—81　T10A

D	H	C	D	H	C	D	H	C	D	H	C
63	10	1	(140)	18	1.5	250	28	2	(280)	40	2
	12			22			32			45	
80	14		160	25			35		315	20	
100	16			28			40			28	
	18		200	32		(280)	20			32	
	20			35			28			35	
125	22		250	20	2		32			40	
	25			25			35			45	

注:1. 括号内的尺寸尽可能不采用

　　2. 材料:T10A　GB/T 1298—2008,9Mn2V、Cr12MoV、Cr12、CrWMn　GB/T 1299—2000

　　3. 热处理:硬度自定

　　4. 技术条件:按 GB 2870—81 的规定

表 5.32 圆形模板尺寸 mm

本标准适用于凸模固定板、卸料板、空心垫板、凹模框等。

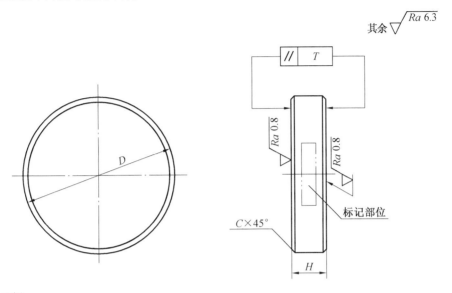

标记示例：

直径 D = 100 mm、厚度 H = 20 mm、材料为 45 钢的圆形模板：

模板 100×20 GB 2858.5—81 45 钢

D	H	C	D	H	C	D	H	C
63 80 100 125	10	1	（140） 160 200 250	12	1.5	200 250 （280） 315	20	2
	12			14			22	
	14			16			25	
	16			18			28	
	18			20			32	
	20			22			35	
	22			25			40	

注:1.括号内的尺寸尽可能不用

2.材料:Q235 GB/T 700—2006,45 钢 GB/T 699—2015

3.热处理:45 钢硬度自定

4.技术条件:按 GB 2870—81 的规定

表 5.33　圆形垫板尺寸　　　　　　　　　　　　　　　　　　　　　　　mm

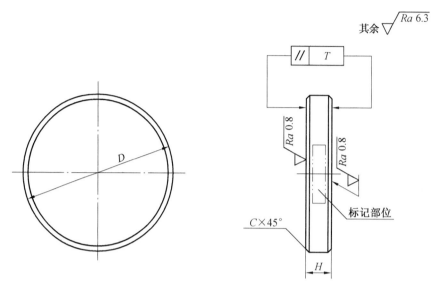

标记示例：

直径 $D=100$ mm、厚度 $H=6$ mm、材料为 45 钢的圆形垫板：

垫板　100×6　GB 2858.6—81　45 钢

D	63		80		100		125		160		200		250		315	
C	1								1.5				2			
H	4	6	4	6	4	6	6	8	8	10	8	10	10	12	10	12

注：1. 材料：45 钢　GB/T 699—2015，T7A　GB/T 1298—2008

　　2. 热处理：硬度自定

　　3. 技术条件：按 GB 2870—81 的规定

表 5.34　矩形垫板尺寸　　　　　　　　　　　　　　　　mm

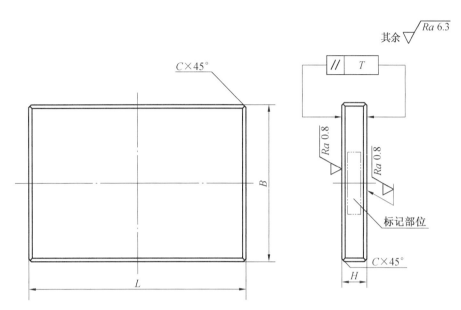

标记示例：长度 $L=100$ mm、宽度 $B=80$ mm、厚度 $H=6$ mm、材料为 T7A 的矩形垫板：

垫板　100×80×6　GB 2858.3—81　T7A

L	B	H	C	L	B	H	C	L	B	H	C
63	63	4	1	250	(140)	8	1.5	250	200	8	1.5
		6				10				10	
80	63	4		160	160	8		(280)		10	
		6				10				12	
100	80	4		200		8		315		10	
		6				10				12	
(140)	100	6		250		8		250	250	10	2
		8				10				12	
160	125	6		(280)		8		(280)		10	
		8				10				12	
200	(140)	6		200	200	8		315		10	
		8				10				12	

注：1. 括号内的尺寸尽可能不用

　　2. 材料：45 钢　GB/T 699—2015，T7A　GB/T 1298—2008

　　3. 热处理：硬度自定

　　4. 技术条件：按 GB 2870—81 的规定

5. 固定零件

固定零件的尺寸见表 5.35～表 5.39。

表 5.35 通用钢板模座尺寸 mm

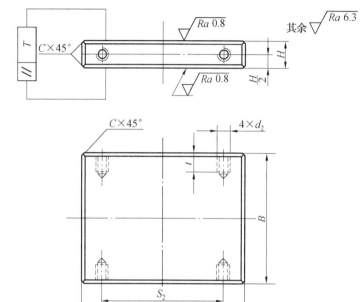

标记示例：

长度 $L=125$ mm、宽度 $B=80$ mm、厚度 $H=20$ mm、材料为 Q235 的矩形上模座：

上模座　$125\times80\times20$

GB 2857.3—81　Q235

L	B	H	C	d_2	t	S_2	L	B	H	C	d_2	t	S_2
63	50	16					250		30				
63	63								35				
80	63	20					(280)		30				
100							315	160	35		—	—	—
80							355		30				
100									35				
125	80		1	—	—	—	400		35	1.5			
(140)									40				
160							200		30				120
100		25					250	200	35		M14	28	160
125							(280)		30				200
(140)	100								35				
160													
200													

续表 5.35

L	B	H	C	d₂	t	S₂	L	B	H	C	d₂	t	S₂
250	100	25	1				315	200	35	1.5	M16	32	220
		30							40				
(280)							355		35				240
125	125	25							40				
(140)							400		35				300
160									40				
200		30					250	250	35				160
250							(280)						200
(280)									40				
315		35					315		35				220
(140)	(140)	25	1.5	—	—	—	400		40				300
160		30					(280)	(280)	40	2	M20	40	200
200		25					315						220
		30					400						300
250							500		50				400
(280)		35					315	315					220
315		30					400						300
		35					500						400
355		30					630		60				500
160	160	35					400	400					300
200							500						400
							630						500
							500	500					400

注:1. 材料:Q235 GB/T 700—2006

2. 技术条件:按 GB 2870—81 的规定

表 5.36　压入式模柄尺寸　　　　　　　　　　　　　　　　　　mm

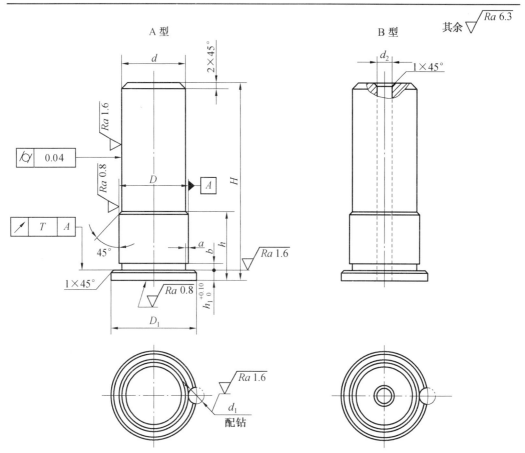

标记示例:

直径 $d = 30$ mm、高度 $H = 73$ mm、材料为 Q235 的 A 型压入式模柄:

模柄　A　30×73　GB 2862.1—81　Q235

d(d11)		D(m6)		D_1	H	h	h_1	b	a	d_1(H7)		d_2
基本尺寸	偏差	基本尺寸	偏差							基本尺寸	偏差	
20		22		29	68	20						
					73	25						
					78	30						
25	−0.065 −0.195	26	+0.021 +0.008	33	68	20	4	2	0.5	6	+0.012 0	7
					73	25						
					78	30						
					83	35						
*30		32	0.025 +0.009	39	73	25	5					11
					78	30						
					83	35						
					88	40						

续表 5.36

d (d11)		D (m6)		D_1	H	h	h_1	b	a	d_1 (H7)		d_2
基本尺寸	偏差	基本尺寸	偏差							基本尺寸	偏差	
32	−0.080 −0.240	34	+0.025 +0.009	42	73	25	5	3	1	6	+0.012 0	11
					78	30						
					83	35						
					88	40						
35	−0.080 −0.240	38	+0.025 +0.009	46	85	25	6	3	1	6	+0.012 0	13
					90	30						
					95	35						
					100	40						
					105	45						
38		40		48	90	30						13
					95	35						
					100	40						
					105	45						
					110	50						
*40		42		50	90	30						13
					95	35						
					100	40						
					105	45						
					110	50						
*50		52		61	95	35	8	3	1	8	+0.015 0	17
					100	40						
					105	45						
					110	50						
					115	55						
					120	60						
*60	−0.100 −0.290	62	+0.030 +0.011	71	110	40	8	4		8		17
					115	45						
					120	50						
					125	55						
					130	60						
					135	65						
					140	70						
*76		78		89	123	45	10			10		21
					128	50						
					133	55						
					138	60						
					143	65						
					148	70						
					153	75						
					158	80						

注:1. 材料:Q235、Q275 GB/T 700—2006

2. 带"*"号的规格优先使用

3. 技术条件:按 GB 2870—81 的规定

表 5.37　凸缘模柄尺寸 　　　　　　　　　　　　　　　　　　　　　mm

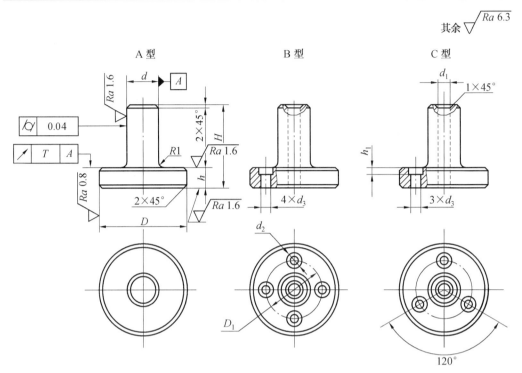

标记示例：

直径 $d=40$ mm、$D=85$ mm、材料为 Q235 的 A 型凸缘模柄：

模柄　A　40×85　GB 2862.3—81　Q235

d（d11）		D（h6）		H	h	d_1	D_1	d_2	d_3	h_1
基本尺寸	极限偏差	基本尺寸	极限偏差							
30	−0.065 −0.195	75	0 −0.019	64	16	11	52	15	9	9
40	−0.080 −0.240	85	0 −0.022	78	18	13	62	18	11	11
50		100				17	72			
60	−0.100 −0.290	115	0 −0.025	90	20		87	22	13.5	13
76		136		98	22	21	102			

注：1. 材料：Q235、Q275　GB/T 700—2006

　　2. 技术条件：按 GB 2870—81 的规定

表 5.38 槽形模柄尺寸   mm

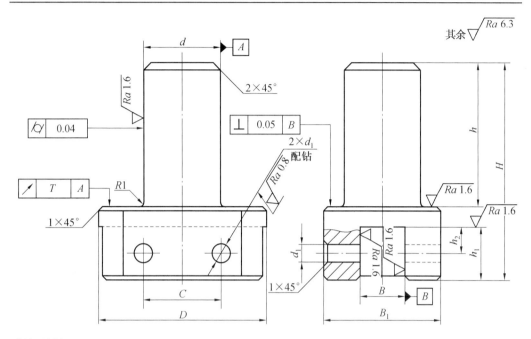

标记示例：

直径 $d = 25$ mm、宽度 $B = 10$ mm、材料为 Q235 的槽形模柄：

模柄 25×10 GB 2862.4—81 Q235

d(d11)		D	H	h	h_1	h_2	B(H7)		B_1	d_1(H7)		C
基本尺寸	极限偏差						基本尺寸	极限偏差		基本尺寸	极限偏差	
20	−0.065 −0.195	45	70	48	14	7	6	+0.012 0	30	6	+0.012 0	20
25		55	75		16	8	10	+0.015 0	40			25
30		70	85		20	10	15	+0.018 0	50	8		30
40	−0.080 −0.240	90	100	60	22	11	20	+0.021 0	60	10	+0.015 0	35
50		110	115		25	12	25		70			45
60	−0.100 −0.290	120	130	70	30	15	30		80			50
							35	+0.025 0				

注：1. 材料：Q235、Q275 GB/T 700—2006

2. 技术条件：按 GB 2870—81 的规定

表 5.39　旋入式模柄尺寸　　　　　　　　　　　　　mm

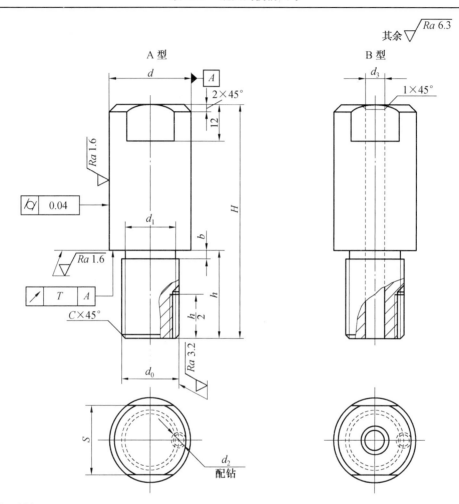

标记示例:

直径 $d=30$ mm、高度 $H=78$ mm、材料为 Q235 的 A 型旋入式模柄:

模柄　A　30×78　GB 2862.2—81　Q235

d (d11)	基本尺寸	20			25			30			32			35			38
	极限偏差		−0.065											−0.080			
			−0.195											−0.240			
d_0		M18×1.5			M20×1.5					M24×2							
H		64	68	73	68	73	78	73	78	83	73	78	83	85	90	95	100	90
h		16	20	25	20	25	30	25	30	35	25	30	35	25	30	35	40	30

续表 5.39

S (h13)	基本尺寸	17	19	24	27	30	
	极限偏差	0 −0.270		0 −0.330			
d_1		16.5		18.5		21.5	
d_3		7		11		13	
d_2		M6					
b		2.5			3.5		
C		1			1.5		

d (d11)	基本尺寸	38			40				50				60				
	极限偏差	−0.080 −0.240							−0.100 −0.290								
d_0		M30×2							M42×3								
H		95	100	105	90	95	100	105	95	100	105	110	110	115	120	125	130
h		35	40	45	30	35	40	45	35	40	45	50	40	45	50	55	60

S (h13)	基本尺寸	32	41	50
	极限偏差	0 −0.390		
d_1		27.5		38.5
d_3		13		17
d_2		M6		M8
b		3.5		4.5
C		1.5		2

注:1. 螺纹基本尺寸按《普通螺纹基本尺寸》(GB/T 196—2003),公差按《普通螺纹公差》(GB/T 197—2003)Ⅱ级精度

2. 材料:Q235、Q275 GB/T 700—2006

3. 技术条件:按 GB 2870—81 的规定

6. 其他零件

其他零件的尺寸见表 5.40 ~ 表 5.42。

表 5.40　小导套尺寸 mm

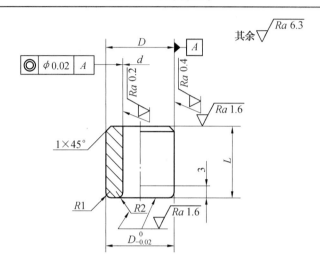

标记示例:

直径 $d=12$ mm、长度 $L=16$ mm 的小导套:

小导套　12×16　GB 2861.9—81

d(H7)		D(r6)		L	d(H7)		D(r6)		L
基本尺寸	极限偏差	基本尺寸	极限偏差		基本尺寸	极限偏差	基本尺寸	极限偏差	
10	+0.015 0	16		8	16		22		14
				10					16
				12		+0.018 0			18
			+0.034 +0.023	14					20
12		18		10	18		26	+0.041 +0.028	16
				12					18
				14					20
	+0.018 0			16					22
14		20	+0.041 +0.028	12	20	+0.021 0	28		18
				14					20
				16					22
				18					25

注:1. 材料:20 钢　GB/T 699—2015

　　2. 热处理:渗碳深度为 0.8 ~ 1.2 mm,硬度为 HRC58 ~ 62

　　3. 技术条件:按 GB 2870—81 的规定

表 5.41 A 型小导柱尺寸 mm

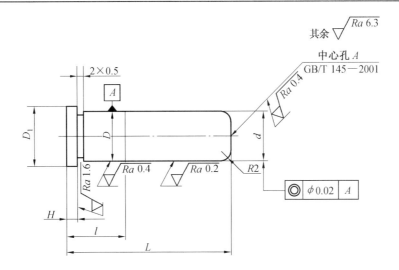

标记示例:

直径 $d=14$ mm、长度 $L=50$ mm 的 A 型小导柱:

小导柱 A 14×50 GB 2861.4—81

d(h6)		D(m6)		D_1	L	l	H	d(h6)		D(m6)		D_1	L	l	H
基本尺寸	极限偏差	基本尺寸	极限偏差					基本尺寸	极限偏差	基本尺寸	极限偏差				
10	0 −0.009	10	+0.015 +0.006	13	35 40 45 50	14		16	0 −0.011	16	+0.018 +0.007	19	50 55 60 70	20	3
12	0 −0.011	12	+0.018 +0.007	15	40 45 50 55	16	3	18		18		22	55 60 65 70	22	5
14		14		17	45 50 55 60	18		20	0 −0.013	20	+0.021 +0.008	24	60 65 70 80	25	

注:1. 材料:20 钢 GB/T 699—2015

2. 热处理:渗碳深度为 0.8～1.2 mm,硬度为 HRC58～62

3. 技术条件:按 GB 2870—81 的规定

表 5.42　限位柱尺寸　　　　　　　　　　　　　　　　mm

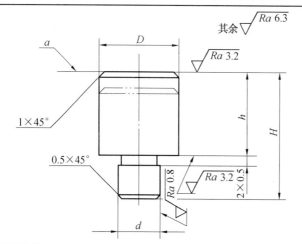

标记示例：
直径 $D = 16$ mm、高度 $h = 15$ mm
的限位柱：
限位柱　16×15　GB 2869.2—81

D	d(r6) 基本尺寸	d(r6) 极限偏差	h	H	D	d(r6) 基本尺寸	d(r6) 极限偏差	h	H
12	6	+0.023 +0.015	10	18	25	12		20	32
			15	23				25	37
			20	28				30	42
			25	33				35	47
			30	38				45	57
16	8		15	25				55	67
			20	30	30	14	+0.034 +0.023	30	46
			25	35				40	56
			30	40				50	66
			35	45				60	76
20	10	+0.028 +0.019	20	30				65	85
			25	35				75	95
			30	40	40	18		85	105
			35	45				95	115
			40	50				105	125
			50	60				115	135

注:1. a 面按实际需要修磨
2. 材料:45 钢　GB/T 699—2015
3. 热处理:硬度为 HRC43~48
4. 技术条件:按 GB 2870—81 的规定

5.4 冷冲模常用螺钉与销钉

冷冲模零件的连接和紧固常用圆柱头内六角螺钉和沉头螺钉,零件的定位常用圆柱销,见表5.43~表5.45。

表5.43 内六角圆柱头螺钉(摘自 GB/T 70.1—2008) mm

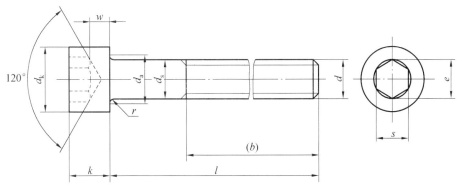

标记示例

螺纹规格 d=M8、公称长度 l=20 mm、性能等级为8.8级、表面氧化的 A 级内六角圆柱头螺钉的标记:

螺钉 GB/T 70.1 M8 × 20

螺纹规格 d	M1.6	M2	M2.5	M3	M4	M5	M6	M8
螺距 p	0.35	0.4	0.45	0.5	0.7	0.8	1	1.25
b(参考)	15	16	17	18	20	22	24	28
d_k(max)[1]	3.00	3.80	4.50	5.50	7.00	8.50	10.00	13.00
d_k(max)[2]	3.14	3.98	4.68	5.68	7.22	8.72	10.22	13.27
d_a(max)	2	2.6	3.1	3.6	4.7	5.7	6.8	9.2
d_s(max)	1.60	2.00	2.50	3.00	4.00	5.00	6.00	8.00
e(min)	1.73	1.73	2.3	2.87	3.44	4.58	5.72	7.78
k(max)	1.6	2	2.5	3	4	5	6	8
r(min)	0.1	0.1	0.1	0.1	0.2	0.2	0.25	0.4
s(公称)	1.5	1.5	2	2.5	3	4	5	6
w(min)	0.55	0.55	0.85	1.15	1.4	1.9	2.3	3.3
商品规格长度 l	2.5~16	3~20	4~25	5~30	6~40	8~50	10~60	12~80
全螺纹长度 l	2.5~16	3~16	4~20	5~20	6~20	8~20	10~30	12~35

续表5.43

螺纹规格 d	M10	M12	(M14)	M16	M20	M24	M30	M36
螺距 p	1.5	1.75	2	2	2.5	3	3.5	4
b(参考)	32	36	40	44	52	60	72	84
d_k(max)[①]	16.00	18.00	21.00	24.00	30.00	36.00	45.00	54.00
d_k(max)[②]	16.27	18.27	21.33	24.33	30.33	36.39	45.39	54.46
d_a(max)	11.2	13.7	15.7	17.7	22.4	26.4	33.4	39.4
d_s(max)	10.00	12.00	14.00	16.00	20.00	24.00	30.00	36.00
e(min)	9.15	11.43	13.72	16	19.44	21.73	25.15	30.85
k(max)	10.00	12.00	14.00	16.00	20.00	24.00	30.00	36.00
r(min)	0.4	0.6	0.6	0.6	0.8	0.8	1	1
s(公称)	8	10	12	14	17	19	22	27
w(min)	4	4.8	5.8	6.8	8.8	10.4	13.1	15.3
商品规格长度 l	16~100	20~120	25~140	25~160	30~200	40~200	45~200	55~200
全螺纹长度 l	16~40	20~50	25~55	25~60	30~70	40~80	45~100	55~110

螺纹规格 d	M42	M48	M56	M64
螺距 p	4.5	5	5.5	6
b(参考)	96	106	124	140
d_k(max)[①]	63.00	72.00	84.00	96.00
d_k(max)[②]	63.46	72.46	84.54	96.54
d_a(max)	45.6	52.6	63	71
d_s(max)	42.00	48.00	56.00	64.00
e(min)	36.57	41.13	46.83	52.53
k(max)	42.00	48.00	56.00	64.00
r(min)	1.2	1.6	2	2
s(公称)	32	36	41	46
w(min)	16.3	17.5	19	22
商品规格长度 l	60~300	70~300	80~300	90~300
全螺纹长度 l	60~130	70~150	80~160	100~180

l系列(公称)	2.5,3,4,5,6,8,10,12,16,20,25,30,35,40,45,50,55,60,65,70,80,90,100,110,120,130,140,150,160,180,200,220,240,260,280,300

技术条件	材料	力学性能等级	螺纹公差	产品等级	表面处理
	Q235,15,35,45	$d<3$ mm 或 $d>39$ mm 时根据协议;3 mm$\leq d \leq$39 mm 时选 8.8、10.9、12.9	12.9级为5 g、6 g,其他等级为6 g	A	氧化或镀锌钝化

注:①光滑头部;②滚花头部;括号内规格尽可能不采用

表 5.44　开槽沉头螺钉（摘自 GB/T 68—2000） mm

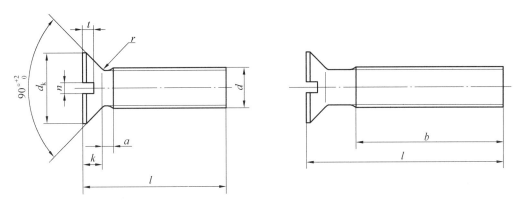

标记示例

螺纹规格 d=M5、公称长度 l=20 mm、性能等级为 4.8 级、不经表面处理的开槽沉头螺钉：

螺钉 GB/T 68　M5 × 20

螺纹规格 d	M1.6	M2	M2.5	M3	(M3.5)	M4	M5	M6	M8	M10
螺距 p	0.35	0.4	0.45	0.5	0.6	0.7	0.8	1	1.25	1.5
a(max)	0.7	0.8	0.9	1	1.2	1.4	1.6	2	2.5	3
b(min)	25	25	25	25	38	38	38	38	38	38
d_k(max)	3	3.8	4.7	5.5	7.3	8.4	9.3	11.3	15.8	18.3
k(max)	1	1.2	1.5	1.65	2.35	2.7	2.7	3.3	4.65	5
n(公称)	0.4	0.5	0.6	0.8	1	1.2	1.2	1.6	2	2.5
r(max)	0.4	0.5	0.6	0.8	0.9	1	1.3	1.5	2	2.5
t(min)	0.32	0.4	0.5	0.6	0.9	1	1.1	1.2	1.8	2
商品规格长度 l	2.5~16	3~20	4~25	5~30	6~35	6~40	8~50	8~60	10~80	12~80
全螺纹长度 l	2.5~30	3~30	4~30	5~30	6~45	6~45	8~45	8~45	10~45	12~45
l 系列	2.5,3,4,5,6,8,10,12,(14),16,20,25,30,40,45,50,(55),60,(65),70,(75),80									

技术条件	材料		钢	螺纹公差:6g	产品等级:A
	力学性能等级		4.8、5.8		
	表面处理		不经处理		

注:括号内的规格尽可能不采用

表 5.45　不淬硬钢和奥氏体不锈钢普通圆柱销(摘自 GB/T 119.1—2000)　　　　mm

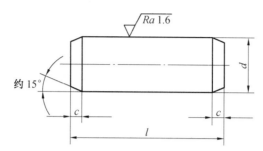

标记示例:公称直径 $d=6$ mm、其公差为 m6、公称长度 $l=30$ mm,材料为钢,不经淬火、不经表面处理的圆柱销,标记为

销　GB/T 119.1　6m6 × 30

公称直径 $d=6$ mm、其公差为 m6、公称长度 $l=30$ mm、材料为 A1 组奥氏体不锈钢、表面简单处理的圆柱销,标记为

销　GB/T 119.1　6m6 × 30–A1

d(m6/h8)	0.6	0.8	1	1.2	1.5	2	2.5	3	4	5
$c\approx$	0.12	0.16	0.2	0.25	0.3	0.35	0.4	0.5	0.63	0.8
商品规格 l	2 ~ 6	2 ~ 8	4 ~ 10	4 ~ 12	4 ~ 16	6 ~ 20	6 ~ 24	8 ~ 30	8 ~ 40	10 ~ 50
d(m6/h8)	6	8	10	12	16	20	25	30	40	50
$c\approx$	1.2	1.6	2.0	2.5	3.0	3.5	4	5	6.3	8.0
商品规格 l	12 ~ 60	14 ~ 80	18 ~ 95	22 ~ 140	26 ~ 180	35 ~ 200	50 ~ 200	60 ~ 200	80 ~ 200	95 ~ 200
l 系列	2,3,4,5,6,8,10,12,14,16,18,20,22,24,26,28,30,32,35,40,45,50,55,60,65, 70,75,80,85,90,95,100,120,140,160,180,200									
技术 条件	硬度	不淬硬钢为 125 ~ 245 HV30;奥氏体不锈钢为 210 ~ 280 HV30								
	表面粗糙度	公差为 m6,$Ra\leqslant0.8$ μm;公差为 h8,$Ra\leqslant1.6$ μm								
	表面处理	钢:不经处理;氧化;磷化;镀锌钝化。不锈钢:简单处理								

注:1. d 的其他公差,由供需双方协议

　　2. 公称长度大于 200 mm,按 20 mm 递增

5.5 圆柱螺旋压缩弹簧

弹簧的主要参数见表5.46、表5.47。

表5.46 圆柱形螺旋压缩弹簧尺寸规格

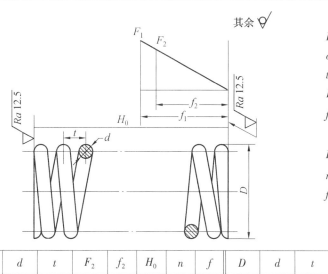

其余 ✓

D——弹簧外径,mm;

d——钢丝直径,mm;

t——节距,mm;

F_2——最大工作负荷,N;

f_2——最大工作负荷 F_2 的总变形量,mm;

H_0——弹簧自由长度,mm;

n——有效圈数,圈;

f——最大工作负荷下的单圈变形量,mm。

D	d	t	F_2	f_2	H_0	n	f	D	d	t	F_2	f_2	H_0	n	f
4	0.5	1.4	10	5.6	12	8	0.7	15	2.0	4.3	133	9.3	25	5.1	1.83
				9.4	20	13.7						13.5	35	7.4	
		2.4	7	8.9	12	4.69	1.9					17.9	45	9.8	
				15.2	20	8						22.7	55	12.4	
6	0.8	1.8	28	5.8	12	6	0.97					26.3	65	14.4	
				10	20	10.4						30.5	75	16.7	
				15.5	30	16			2.5	4.1	247	7.8	30	6.4	1.23
		2.8	22	13.1	20	6.7	1.97					10.8	40	8.8	
				20.2	30	10.3						13.8	50	11.3	
8	1.0	2.5	33	8.5	20	7.4	1.15					16.8	60	13.7	
				13.1	30	11.4						19.8	70	16.1	
		3.5	27	10.4	20	5.3	1.97		3.0	4.1	403	8.7	45	10	0.87
				15.9	30	8.1						9.5	50	11	
10	1.6	2.8	102	7.4	25	8	0.93					10.7	55	12.3	
				10.7	35	11.6						12.7	65	14.7	
	1.0	4.8	23	14.8	25	4.9	3.0					14.8	75	17.1	
				21.1	35	7		18	2.0	5.7	113	26.4	55	9.1	2.9
12	1.6	3.5	88	7.5	20	5	1.5					31.7	65	10.9	
				11.9	30	7.9						36.3	75	12.6	
	2.0	3.3	163	6.7	25	6.7	1.0		3.0	4.8	345	9.2	35	6.4	1.44
				9.7	35	9.7						12	45	8.4	
				14.7	30	5.6						15.1	55	10.5	
				20.2	40	7.7						18.1	65	12.6	
15	1.6	4.9	72	25.5	50	9.7	2.63		3.5	4.8	500	5.4	30	5.3	1.02
				31	60	11.8						7.3	40	7.2	
				36.2	70	13.8						9.4	50	9.3	

续表 5.46

D	d	t	F_2	f_2	H_0	n	f	D	d	t	F_2	f_2	H_0	n	f
18	3.5	4.8	500	11.6	60	11.4	1.02	25	5.0	6.6	945	8.7	55	7.2	1.22
				12.6	65	12.4						10.6	65	8.7	
				13.7	70	13.5						12.4	75	10.2	
20	2.0	6.7	102	20.5	40	5.5	3.73	30	4.0	8.0	455	13.4	80	11	3.16
				26.1	50	7.0						31.2	85	9.9	
				31.7	60	8.5						37.2	100	11.8	
				37.3	70	10						45.1	120	14.3	
				42.8	80	11.5						53	140	16.8	
				48.4	90	13			4.5	7.7	632	12.8	45	5	2.56
	3.5	5.3	460	8.9	40	6.5	1.38					16.1	55	6.3	
				11.5	50	8.4						19.4	65	7.6	
				14.2	60	10.3						24.3	80	9.5	
				16.8	70	12.2			5.0	7.6	808	11.3	50	5.6	2.02
	4.0	5.3	650	7.6	45	7.4	1.04					13.9	60	6.9	
				9.5	55	9.2						16.7	70	8.3	
				11.5	65	11.1			5.5	7.6	924	9.9	55	6.2	1.6
				12.4	70	12						12	65	7.5	
22	2.5	6.6	174	18.3	40	5.5	3.32					14	75	8.8	
				23.2	50	7			6.0	7.8	1 312	9.1	60	6.5	1.4
				28.2	60	8.5						10.9	70	7.8	
				33.2	70	10						12.7	80	9.1	
	3.5	5.7	420	10.7	40	6.1	1.76	35	5.0	8.9	706	18	60	5.9	3.06
				13.9	50	7.9						21.4	70	7.0	
				16.9	60	9.6						24.7	80	8.1	
				20	70	11.4						31.8	100	10.4	
	4.0	5.7	600	9.3	45	6.8	1.37			8.8	1 150	11.2	55	5.2	2.17
				11.8	55	8.6						13.8	65	6.4	
				14.2	65	10.4						16.2	75	7.5	
				15.3	70	11.2						19.9	90	9.2	
25	4.0	6.4	533	11.7	45	6.1	1.92	40	6.0			16.1	60	5.2	3.1
				14.7	55	7.7				9.9	1 020	19.2	70	6.2	
				17.7	65	9.2						22.3	80	7.2	
				20.5	75	10.7						31.6	110	10.2	
	4.5	6.5	751	8	40	5.1	1.58					50.5	170	16.3	
				10.5	50	6.7			8.0	10.2	2 700	9.0	65	5.1	1.76
				12.9	60	8.2						10.7	75	6.1	
				15.3	70	9.7									

续表 5.46

D	d	t	F_2	f_2	H_0	n	f	D	d	t	F_2	f_2	H_0	n	f
40	8.0	10.2	2 700	12.5	85	7.1	1.76	60	10	15.6	3 600	21.5	90	4.8	4.5
				14.2	95	8.1						27	114	6.0	
				16.9	110	9.6						36	140	8.0	
				20.2	130	11.5						47.2	180	10.5	
				23.9	150	13.6						64.8	240	14.4	
45	6.0	11.3	918	24.3	75	5.8	4.2	80	10	21.9	2780	45.7	120	4.8	9.52
				28.1	85	6.7						62.8	160	6.6	
				34	100	8.1						80	200	8.4	
				41.1	120	9.8									
				70.9	200	16.9						104.7	260	11	
50	8.0	12	2 210	17.9	80	5.6	3.2		12	20.9	4720	31.4	110	4.4	7.14
				20.8	90	6.5						42.8	150	6.0	
				28.8	120	9.0									
				39.36	160	12.3						61.4	200	8.6	
				49.9	200	15.6									
				60.8	240	19						89.2	280	12.5	
60	8.0	14.5	1 890	26	85	5.0	5.2	90	12	24.1	4 240	49.4	140	5.1	9.68
				31.2	100	6.0									
				38.5	120	7.4						64.9	180	6.7	
				53	160	10.2						81.3	220	8.4	
				67.6	200	13									
				85.3	250	16.4						104.5	280	10.8	

表 5.47　强力弹簧尺寸规格　　　　　　　　　　　　　　mm

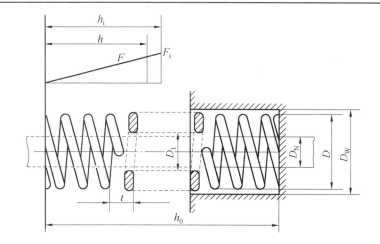

标记示例：

$D_W = 32$ mm、$h_0 = 50$mm 的强力弹簧　$\phi 32 \times 50$

组别	序号	安装尺寸		弹簧几何尺寸			规定值		参考值				常数
		窝座	心轴	外径	内径	自由高度	50 万次		100 万次		≤10 万次		c
		D_W	D_N	D	D_1	h_0	h_i	F_i/N	h_i	F_i/N	h_i	F_i/N	N/mm
A	1	10	5.2	9.0	5.2	30	7.5	100	6.0	90	11.1	150	
	2					40	10.0		8.0		14.8		
	3					50	12.5		10.0		18.5		
	4					63	15.8		12.6		23.3		
B	5	13	7	12	7	30	7.5	180	6.0	160	11.1	280	
	6					40	10.0		8.0		14.8		
	7					50	12.5		10.0		18.5		
	8					63	15.8		12.6		23.3		
C	9	16	8.7	15	8.8	40	10.0	320	8.0	250	14.8	480	
	10					50	12.5		10.0		18.5		
	11					63	15.8		12.6		23.3		
	12					80	20.0		16.0		29.6		
D	13	20	10.0	19	10	40	10.0	540	8.0	440	14.8	800	
	14					50	12.5		10.0		18.5		
	15					63	15.8		12.6		23.3		
	16					80	20.0		16.0		29.6		
	17					100	25.0		20.0		37.0		

续表 5.47

组别	序号	安装尺寸		弹簧几何尺寸			规定值 50万次		参考值 100万次		≤10 万次		常数 c
		窝座 D_W	心轴 D_N	外径 D	内径 D_1	自由高度 h_0	h_i	F_i/N	h_i	F_i/N	h_i	F_i/N	N/mm
E	18	25	12.5	24	12.6	40	10.0	840	8.0	650	14.8	1 250	
	19					50	12.5		10.0		18.5		
	20					63	15.8		12.6		23.3		
	21					80	20.0		16.0		29.6		
	22					100	25.0		20.0		37.0		
F	23	32	16	30.5	17.5	40	10.0	1 920	8.0	1 540	14.8	2 850	
	24					50	12.5		10.0		18.5		
	25					63	15.8		12.6		23.3		
	26					80	20.0		16.0		29.6		
	27					100	25.0		20.0		37.0		
	28					125	31.3		25.0		46.3		
	29					150	37.5		30.0		55.5		
G	30	40	21	38.5	22.5	50	12.5	2 450	10	1 970	18.5	3 500	
	31					63	15.8		12.6		23.3		
	32					80	20		16		29.6		
	33					100	25		20		37.0		
	34					150	37.5		30		55.5		
	35					200	50		40		74		
	36					250	62.5		50		92.5		
H	37	50	26	48.5	27.5	63	15.8	3 450	12.6	2 760	23.3	4 900	
	38					80	20		16		29.6		
	39					100	25		20		37		
	40					150	37.5		30		55.5		
	41					200	50		40		74.0		
	42					250	62.5		50		92.5		
	43					300	75		60		111		

续表 5.47

组别	序号	安装尺寸		弹簧几何尺寸			规定值		参考值				常数
		窝座	心轴	外径	内径	自由高度	50 万次		100 万次		≤10 万次		c
		D_W	D_N	D	D_1	h_0	h_i	F_i/N	h_i	F_i/N	h_i	F_i/N	N/mm
I	44	60	31	58.5	32.5	80	20	4 350	16	3 500	29.6	6 200	
	45					100	25		20		37.0		
	46					150	37.5		30		55.5		
	47					200	50		40		74		
	48					250	62.5		50		92.5		
	49					300	75		60		111		

5.6　冲压设备参数

1. 开式压力机的主要参数（表 5.48）

表 5.48　开式压力机的主要参数

名称		量　值														
公称压力/kN		40	63	100	160	250	400	630	800	1 000	1 250	1 600	2 000	2 500	3 150	4 000
发生公称压力时滑块距下极点距离/mm		3	3.5	4	5	6	7	8	9	10	10	12	12	13	13	15
滑块行程	固定行程/mm	40	50	60	70	80	100	120	130	140	140	160	160	200	200	250
	调节行程/mm	40	50	60	70	80	100	120	130	140	140	160	—	—	—	—
		6	6	8	8	10	10	12	12	16	16	20	—	—	—	—
标准行程次数（不小于）/(次·分钟$^{-1}$)		200	160	135	115	100	80	70	60	60	50	40	40	30	30	25
快速型	发生公称压力时滑块距下极点距离/mm	1	1	1.5	1.5	2	2	2.5	2.5	3	—	—	—	—	—	—
	滑块行程/mm	20	20	30	30	40	40	50	50	60	—	—	—	—	—	—
	行程次数（不小于）/(次·分钟$^{-1}$)	400	350	300	250	200	200	150	150	120	—	—	—	—	—	—
最大闭合高度	固定台和可倾/mm	160	170	180	220	250	300	360	380	400	430	450	450	500	500	550
	活动台位置　最低/mm	—	—	—	300	360	400	460	480	500	—	—	—	—	—	—
	活动台位置　最高/mm	—	—	—	160	180	200	220	240	260	—	—	—	—	—	—
闭合高度调节量/mm		35	40	50	60	70	80	90	100	110	120	130	130	150	150	170

续表 5.48

名　称			量　　值														
公称压力/kN			40	63	100	160	250	400	630	800	1000	1250	1600	2000	2500	3150	4000
标准型	滑块中心到机身距离(喉深)/mm		100	110	130	160	190	220	260	290	320	350	380	380	425	425	480
	工作台尺寸/mm	左右	280	315	360	450	560	630	710	800	900	970	1120	1120	1250	1250	1400
		前后	180	200	240	300	360	420	480	540	600	650	710	710	800	800	900
	工作台孔尺寸/mm	左右	130	150	180	220	260	300	340	380	420	460	530	530	650	650	700
		前后	60	70	90	110	130	150	180	210	230	250	300	300	350	350	400
		直径	100	110	130	160	180	200	230	260	300	340	400	400	460	460	530
	立柱间距离(不小于)/mm		130	150	180	220	260	300	340	380	420	460	530	530	650	650	700
加大型	滑块中心到机身距离(喉深)/mm		—	—	—	—	290	—	350	—	425	—	480	—	—	—	—
	工作台尺寸/mm	左右	—	—	—	—	800	—	970	—	1250	—	1400	—	—	—	—
		前后	—	—	—	—	540	—	650	—	800	—	900	—	—	—	—
	工作台孔尺寸/mm	左右	—	—	—	—	380	—	460	—	650	—	700	—	—	—	—
		前后	—	—	—	—	210	—	250	—	350	—	400	—	—	—	—
		直径	—	—	—	—	260	—	310	—	460	—	530	—	—	—	—
	立柱间距离(不小于)/mm		—	—	—	—	380	—	460	—	650	—	700	—	—	—	—
活动台压力机滑块中心到机身紧固工作台平面的距离/mm			—	—	—	150	180	210	250	270	300	—	—	—	—	—	—
模柄孔尺寸(直径×深度)/(mm×mm)			$\phi30\times50$				$\phi50\times70$			$\phi60\times75$			$\phi70\times80$			T 形槽		
工作台板厚度/mm			35	40	50	60	70	80	90	100	110	120	130	130	150	150	170
垫板厚度/mm			30	30	35	40	50	65	80	100	100	100					
倾斜角(不小于)/(°)			30	30	30	30	30	30	30	30	25	25	25				

2.闭式单点压力机的主要参数(表5.49)

表5.49 闭式单点压力机的主要参数

公称压力/kN	公称压力行程/mm	滑块行程/mm		滑块行程次数/(次·分钟⁻¹)		最大闭合高度/mm	闭合高度调节量/mm	导轨间距离/mm	滑块底面前后尺寸/mm	工作台板尺寸/mm	
		Ⅰ型	Ⅱ型	Ⅰ型	Ⅱ型					左右	前后
1 600	13	250	200	20	32	450	200	880	700	800	800
2 000	13	250	200	20	32	450	200	980	800	900	900
2 500	13	315	250	20	28	500	250	1 080	900	1 000	1 000
3 150	13	400	250	16	28	500	250	1 200	1 020	1 120	1 120
4 000	13	400	315	16	25	550	250	1 330	1 150	1 250	1 250
5 000	13	400	—	12	—	550	250	1 480	1 300	1 400	1 400
6 300	13	500	—	12	—	700	315	1 580	1 400	1 500	1 500
8 000	13	500	—	10	—	700	315	1 680	1 500	1 600	1 600
10 000	13	500	—	10	—	850	400	1 680	1 500	1 600	1 600
12 500	13	500	—	8	—	850	400	1 880	1 700	1 800	1 800
16 000	13	500	—	8	—	950	400	1 880	1 700	1 800	1 800
20 000	13	500	—	8	—	950	400	1 880	1 700	1 800	1 800

3.闭式双点压力机的主要参数(表5.50)

表5.50 闭式双点压力机的主要参数

公称压力/kN	公称压力行程/mm	滑块行程/mm	滑块行程次数/(次·min⁻¹)	最大闭合高度/mm	闭合高度调节量/mm	导轨间距离①/mm	滑块底面前后尺寸/mm	工作台板尺寸/mm	
								左右①	前后
1 600	13	400	18	600	250	1 980	1 020	1 900	1 120
2 000	13	400	18	600	250	2 430	1 150	2 350	1 250
2 500	13	400	18	700	315	2 430	1 150	2 350	1 250
3 150	13	500	14	700	315	2 880	1 400	2 800	1 500
4 000	13	500	14	800	400	2 880	1 400	2 800	1 500
5 000	13	500	12	800	400	3 230	1 500	3 150	1 600
6 300	13	500	12	950	500	3 230	1 500	3 150	1 600
8 000	13	630	10	1 250	600	3 230 / 4 080	1 700	3 150 / 4 000	1 800
10 000	13	630	10	1 250	600	3 230 / 4 080	1 700	3 150 / 4 000	1 800
12 500	13	500	10	950	400	3 230 / 4 080	1 700	3 150 / 4 000	1 800
16 000	13	500	10	950	400	5 080 / 6 080	1 700	5 000 / 6 000	1 800
20 000	13	500	8	950	400	5 080 / 7 580	1 700	5 000 / 7 500	1 800
25 000	13	500	8	950	400	7 580	1 700	7 500	1 800
31 500	13	500	8	950	400	7 580 / 10 080	1 900	7 500 / 10 000	2 000
40 000	13	500	8	950	400	10 080	1 900	10 000	2 000

注:①分母数为大规格尺寸。

4. 闭式上传动双动拉深压力机的主要参数(表5.51)

表5.51 闭式上传动双动拉深压力机的主要参数

主要技术规格	型		号	
公称压力/kN	JA45-100	JA45-200	JA45-315	JB46-315
内滑块	1 000	2 000	3 150	3 150
外滑块	630	1 250	3 150	3 150
滑块行程/mm				
内滑块	420	670	850	850
外滑块	260	425	530	530
滑块行程次数/(次·分钟⁻¹)	15	8	5.5~9	10,低速1
内外滑块闭合高度调节量/mm	100	165	300	500
最大闭合高度/mm				
内滑块	580	770	900	1 300
外滑块	530	665	850	1 000
立柱间距离/mm	950	1 620	1 930	3 150
工作台板尺寸/(mm×mm×mm) (前后×左右×厚)	900×930×100	1 400×1 540×160	1 800×1 600×220	1 900×3 150×250
滑块底平面尺寸 前后×左右/(mm×mm)				
内滑块	560×560	900×960	1 000×1 000	1 300×2 500
外滑块	850×850	1 350×1 420	1 550×1 600	1 900×3 150
气垫顶出力/kN	100	80	120	500
气垫行程/mm	210	315	400	440
主电机功率/kW	22	30	75	100

5. 精压机的主要参数(表5.52)

表5.52 精压机的主要参数

公称压力/kN	滑块行程/mm	公称压力行程/mm	滑块行程次数/(次·分钟⁻¹)	最大闭合高度/mm	闭合高度调节量/mm	导轨间距离/mm	滑块底平面尺寸 前后×左右/(mm×mm)	工作台板尺寸 前后×左右/(mm×mm)
4 000	130	2	50	400	15	660	400×620	660×640
8 000	125	1.5	26	340	15	600	410×715	800×720
12 500	120	2	25	400	15	780	640×750	1 010×980
20 000	200	3	18	620	15	1 030	850×900	1 300×1280

6. 四柱万能液压机的主要参数（表 5.53）

表 5.53　四柱万能液压机的主要参数

型号	技术参数						
	公称压力 /kN	滑块行程 /mm	顶出力 /kN	工作台尺寸 前后×左右×距地面高 /(mm×mm×mm)	工作行程速度 /(mm·s⁻¹)	活动横梁至工作台最大距离 /mm	流体工作压力 /MPa
Y32-50	500	400	75	490×520×800	16	600	20
YB32-63	630	400	95	490×520×800	6	600	25
Y32-100A	1 000	600	165	600×600×700	20	850	21
Y32-200	2 000	700	300	760×710×900	6	1 100	20
Y32-300	3 000	800	300	1 140×1 210×700	4.3	1 240	20
YA32-315	3 150	800	630	1 160×1 260	8	1 250	25
Y32-500	5 000	900	1 000	1 400×1 400	10	1 500	25
Y32-2000	20 000	1 200	1 000	2 400×2 000	5	800~2 000	26

7. 曲柄压力机的打料杆参数

在进行工艺及模具设计时,有时需要知道曲柄压力机的打料横杆尺寸及横杆孔尺寸和位置,部分参数见表 5.54。

表 5.54　部分压力机的打料杆等参数

压机型号	公称压力 /kN	横杆断面尺寸 长×宽 /(mm×mm)	横杆孔尺寸 长×宽 /(mm×mm)	横杆孔距滑块下底面的距离 /mm
J23-16	160	35×15	70×20	62
J23-40	400	50×18	90×25	70
JC23-63	630	60×25	110×35	85
J23-80	800	70×30	130×35	80
J11-100	1 000	50×20	95×23	90

第6章 冲压工艺与模具设计实例

一种汽车玻璃升降器外壳零件如图6.1所示。零件材料为08钢板,料厚1.5 mm,生产批量为中批量。

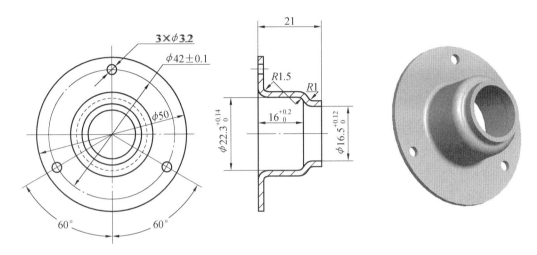

图6.1 玻璃升降器外壳

下面以该零件为典型实例,介绍冲压工艺过程设计的具体内容、步骤,以及模具结构设计的方法和结果。

6.1 读产品图及分析其冲压工艺性

该零件是汽车车门玻璃升降器的外壳,图中所示位置是其装在升降器上的位置。从技术要求和使用条件来看,该零件具有较高的精度要求、刚度和强度。因为零件所标注的尺寸中,$\phi 22.3^{+0.14}_{0}$、$\phi 16.5^{+0.12}_{0}$ 及 $16^{+0.2}_{0}$ 为IT11 ~ IT12级精度,三个小孔 $\phi 3.2$ 的中心位置精度为IT10;外形最大尺寸为 $\phi 50$。属于小型零件。料厚为1.5 mm。

分析其结构工艺性。因该零件为轴对称旋转体,故落料片肯定是圆形,冲裁工艺性很好,且三个小孔直径为料厚的2倍,冲孔的工艺性好。零件为带法兰边穿底的圆筒形拉深件,且 $\dfrac{d_{\mathrm{f}}}{d}$、$\dfrac{h}{d}$ 都不太大,拉深工艺性较好,但圆角半径 $R1$ 及 $R1.5$ 偏小,可安排一道整形工序最后达到。

三个小孔中心距的精度,可通过采用IT6 ~ IT7级制模精度及以 $\phi 22.3$ 内孔定位,予以保证。

底部 $\phi 16.5$ 部分的成形,能有三种方法:第一种是采用阶梯形零件拉深后车削加工;第二种是拉深后冲切;第三种是拉深后在底部先冲一预加工小孔,然后翻边。如图6.2所示,此三种方案中,第一种的方案质量高,但生产效率低,且费料。像该零件这样高度尺寸要求不高的情况下,一般不宜采用。第二种方案其效率比车底要高,但还存在一个问题是要求其前道拉深工序的底部圆角半径接近零,这又带来了加工的麻烦。翻边的方案生产效率高且能节约原材料,但口端质量稍差。由于该零件对这一部分的高度和孔口端部质量要求不高,而 $\phi 16.5^{+0.12}_{0}$ 和 $R1$ 两个尺寸正好是用翻边可以保证的。所以,比较起来,采用第三种方案更为合理、经济。

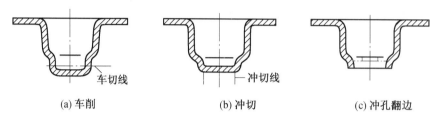

(a) 车削　　　　　(b) 冲切　　　　　(c) 冲孔翻边

图 6.2　底部成形方案

该外壳零件的冲压生产要用到的冲压加工基本工序有:落料、拉深(可能多次)、冲三小孔、冲底孔、翻边、切边和整形等。用这些工序的组合可以提出多种不同的工艺方案。

6.2　分析计算确定工艺方案

1. 计算毛坯尺寸

计算毛坯尺寸需先确定翻边前的半成品尺寸。翻边前如需要拉成阶梯零件,则要核算翻边的变形程度。$\phi 16.5$ 处的高度尺寸为 $H = 21 \text{ mm} - 16 \text{ mm} = 5 \text{ mm}$,根据翻边公式,翻边的高度 H 为

$$H = \frac{d_1}{2}(1 - K) + 0.43 r_{\mathrm{d}} + 0.72 t$$

经变换后

$$K = 1 - \frac{2}{d_1}(H - 0.43 r_{\mathrm{d}} - 0.72 t) = 1 - \frac{2}{18}(5 - 0.43 \times 1 - 0.72 \times 1.5) = 0.61$$

经计算,翻边出高度 $H = 5$ 时,翻边系数达 $K = 0.61$。由此可知其预加工小孔孔径

$$d_0 = d_1 K = 18 \text{ mm} \times 0.61 = 11 \text{ mm}$$

由 $\dfrac{t}{d_0} = \dfrac{1.5}{11} = 0.136$ 查表(《冲压手册》低碳钢的极限翻边系数 $K_{\min}$)可知,当采用圆柱形凸模,预加工小孔为冲制时,其极限翻边系数 $K_{\min} = 0.50 < K = 0.61$,即一次能翻边出竖边 $H = 5 \text{ mm}$ 的高度。故翻边前,该外壳半成品可不为阶梯形,其翻边前的半成品形状和尺寸如图 6.3 所示。

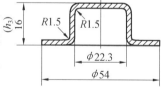

图 6.3　翻边前半成品件

根据工件的相对凸缘直径 $\dfrac{d_{\mathrm{f}}}{d} = \dfrac{50}{23.8} = 2.1$,查表 4.2 可知,切边余量 $\Delta R = 1.8 \text{ mm}$,故切边前的凸缘直径为 $d_{\mathrm{F}} = d_{\mathrm{f}} + 2\Delta R = 50 \text{ mm} + 3.6 \text{ mm} \approx 54 \text{ mm}$。于是,该零件的坯料直径可按式(4.4)计算,即

$$D = \sqrt{d_F^2 + 4dh - 3.44Rd}\,(\text{尺寸按材料厚度中线尺寸计算}) =$$

$$\sqrt{54^2 + 4 \times 23.8 \times 16 - 3.44 \times 2.25 \times 23.8}\ \text{mm} \approx 65\ \text{mm}$$

2. 计算拉深次数

零件的总拉深系数为 $m_{总} = \dfrac{23.8}{65} = 0.366$，其相对凸缘直径 $\dfrac{d_F}{d} = \dfrac{54}{23.8} = 2.27 > 1.4$，所以，属于宽凸缘件拉深。根据 $\dfrac{t}{D} \times 100 = \dfrac{1.5}{65} \times 100 = 2.3$，查表4.7可知，第一次允许的拉深系数 $m_1 = 0.37$。因为 $m_{总} < m_1$，所以一次拉深不出来，需多次拉深。

零件的相对高度 $h/d = 16/23.8 = 0.67$，查表4.10得第一次允许的拉深高度 $h_1/d_1 = 0.28$，由于 $\dfrac{h}{d} > \dfrac{h_1}{d_1}$，也说明该零件不能一次拉出。

初选 $\dfrac{d_F}{d_1} = 1.1$，查表4.7和表4.8得第一次允许的拉深系数 $m_1 = 0.50$，以后各次拉深系数 $m_2 = 0.73, m_3 = 0.75, \cdots\cdots$

因为 $m_1 \cdot m_2 = 0.5 \times 0.73 = 0.365 \leq m_{总} = 0.366$，故用两次拉深可以成功。

但考虑到两次拉深系数均为极限拉深系数，且难以达到零件所要求的圆角半径 $R1.5$，故在第二次拉深后，还要有一道整形工序。

在这种情况下，可考虑分三次拉深，在第三次拉深中兼实施整形工序。这样，既不需增加模具数量，又可减少前两次拉深的变形程度，以保证稳定地生产。于是，拉深系数可调整为 $m_1 = 0.561, m_2 = 0.808, m_3 = 0.807$。满足 $m_{总} = m_1 \cdot m_2 \cdot m_3 = 0.561 \times 0.808 \times 0.807 = 0.366$ 的要求。

三次拉深的拉深系数也可以用等差法或等比法确定。

3. 确定工艺方案

根据以上分析和计算，可以进一步明确该零件的冲压加工需包括以下基本工序：落料、首次拉深、二次拉深、三次拉深(兼整形)、冲 $\phi11$ 孔、翻边(兼整形)、冲三个 $\phi3.2$ 孔和切边。根据这些基本工序，可拟出如下5种工艺方案：

(1) 方案一。落料与首次拉深复合，其余按基本工序(图6.4)。

(2) 方案二。落料与首次拉深复合(图6.4(a))，冲 $\phi11$ 底孔与翻边复合(图6.5(a))，冲三个小孔 $\phi3.2$ 与切边复合(图6.5(b))，其余按基本工序。

(3) 方案三。落料与首次拉深复合，冲 $\phi11$ 底孔与冲三小孔 $\phi3.2$ 复合(图6.6(a))，翻边与切边复合(图6.6(b))，其余按基本工序。

(4) 方案四。落料、首次拉深与冲 $\phi11$ 底孔复合(图6.7)，其余按基本工序。

(5) 方案五。采用带料连续拉深或在多工位自动压力机上冲压。

分析比较上述五种工艺方案，可以看到：

(1) 方案二。冲 $\phi11$ 孔与翻边复合，由于模壁厚度较小 ($a = \dfrac{16.5 - 11}{2}\ \text{mm} = 2.75\ \text{mm}$)，小于要求的最小壁厚(3 mm)，模具容易损坏。冲三个 $\phi3.2$ 小孔与切边复合，也存在模壁太薄的问题 $a = \dfrac{50 - 42 - 3.2}{2}\ \text{mm} = 2.4\ \text{mm}$，模具也容易损坏。

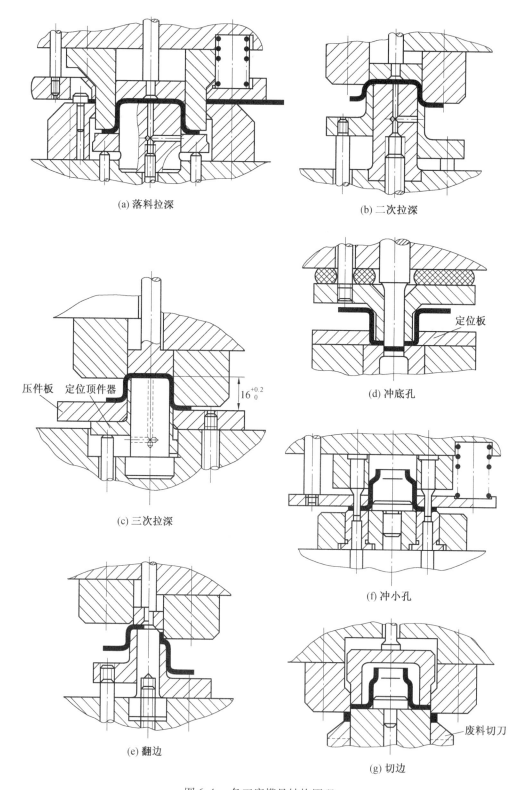

图 6.4　各工序模具结构原理

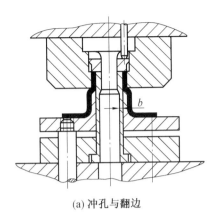

(a) 冲孔与翻边

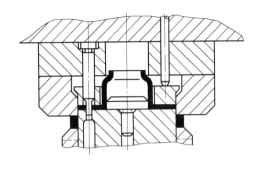

(b) 冲小孔与切边

图 6.5　方案二部分模具结构原理

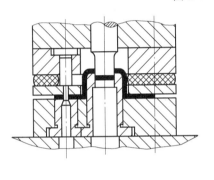

(a) 冲底孔与冲小孔

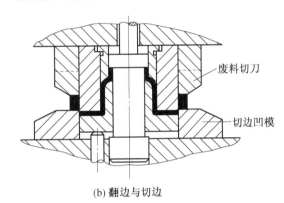

(b) 翻边与切边

图 6.6　方案三部分模具结构原理

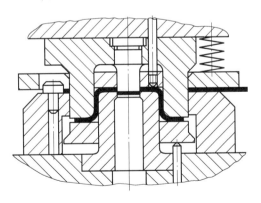

图 6.7　方案四部分模具结构图

（2）方案三。虽然解决了上述模壁太薄的矛盾，但冲 $\phi11$ 底孔与冲 $\phi3.2$ 小孔复合及翻边与切边复合时，它们的刃口都不在同一平面上，而且磨损快慢也不一样，这会给修磨带来不便，修磨后要保持相对位置也有困难。

（3）方案四。落料、首次拉深与冲 $\phi11$ 底孔复合，冲孔凹模与拉深凸模做成一体，也给修磨造成困难。特别是冲底孔后再经二次和三次拉深，孔径一旦变化，将会影响到翻边的高度尺寸和翻边口缘质量。

（4）方案五。采用带料连续拉深或多工位自动压力机冲压,可获得高的生产率,而且操作安全,也避免了上述方案所指出的缺点,但这一方案需要专用压力机或自动送料装置,而且模具结构复杂,制造周期长,生产成本高,因此,只有在大量生产中才较适宜。

方案一没有上述的缺点,但其工序复合程度和生产率均较低。不过单工序模具结构简单,制造费用低,对中小批量生产是合理的,因此决定采用第一方案。本方案在第三次拉深和翻边工序中,可以调整冲床滑块行程,使之在行程临近终了时,模具可对工件起到整形作用(图6.4(c)、6.4(e)),故无需单做整形工序。

6.3　主要工艺参数的计算

1. 确定排样、裁板方案

这里毛坯直径 $\phi 65$ 不算太小,考虑到操作方便,排样采用单排。取其搭边数值:条料两边 $a = 2$ mm、进距方向 $a_1 = 1.5$ mm。于是有:

进距　　$h = D + a_1 = 65 + 1.5$ mm $= 66.5$ mm

条料宽度　　$b = D + 2a = 65 + 2 \times 2 = 69$ mm

板料规格拟选用　　$1.5 \times 900 \times 1\,800$(钢板)

若用纵裁,裁板条数　　$n_1 = \dfrac{B}{b} = \dfrac{900}{69} = 13$ 条余 3 mm

每条个数　　$n_2 = \dfrac{A - a_1}{h} = \dfrac{1\,800 - 1.5}{66.5} = 27$ 个余 3 mm

每板总个数　　$n_总 = n_1 \times n_2 = 13 \times 27 = 351$ 个

材料利用率　　$\eta_总 = \dfrac{351 \times \dfrac{\pi}{4}(65^2 - 11^2)}{900 \times 1\,800} \times 100\% = 69.8\%$

若横裁,条数　　$n_1 = \dfrac{A}{b} = \dfrac{1\,800}{69} = 26$ 条余 6 mm

每条个数　　$n_2 = \dfrac{B - a_1}{h} = \dfrac{900 - 1.5}{66.5} = 13$ 个余 34 mm

每板总个数　　$n_总 = n_1 \times n_2 = 26 \times 13 = 338$ 个

材料利用率　　$\eta_总 = \dfrac{338 \times \dfrac{\pi}{4}(65^2 - 11^2)}{900 \times 1\,800} \times 100\% = 67.2\%$

由此可见,纵裁有较高的材料利用率,且该零件没有纤维方向性的考虑,故决定采用纵裁。

计算零件的净重 G 及材料消耗定额质量 G_0

$$G = Ft\rho = \{\dfrac{\pi}{4}[65^2 - 11^2 - 3 \times 3.2^2 - (54^2 - 50^2)] \times 10^{-2} \times 1.5 \times 10^{-1} \times$$

$$7.85\} \text{ g} \approx 33.8 \text{ g}$$

式中 ρ—— 密度, 低碳钢取 $\rho = 7.85$ g/cm³。

[ ] 内第一项为毛坯面积, 第二项为底孔废料面积, 第三项为三个小孔面积, 第四项即( ) 内为切边废料面积。

$$G_0 = \frac{A \times B \times t \times \rho}{351} = \frac{90 \times 180 \times 0.15 \times 7.85}{351} \text{ g} = 54 \text{ g} = 0.054 \text{ kg}$$

2. 确定各中间工序尺寸

在凸缘件的多次拉深中, 为了保证以后拉深时凸缘不参加变形, 首次拉深时, 拉入凹模的材料应比零件最后拉深部分所需材料多一些(按面积计算), 但升降器外壳相对厚度较大, 可不考虑多拉材料。

(1) 首次拉深。

首次拉深直径 $d_1 = 0.561 \times 65$ mm $= 36.5$ mm(中径)

凹模圆角半径由式(4.23)计算, 式中 $t = 1.5$ mm, $D = 65$ mm, $D_d = d_1 + 1.5$ mm $= 36.5 + 1.5$ mm $= 38$ mm, 则

$$r_{d1} = 0.8\sqrt{(D - D_d)t} = 0.8\sqrt{(65 - 38) \times 1.5} \text{ mm} = 5.1 \text{ mm}$$

由于增加了一次拉深工序, 使各次拉深工序的变形程度有所减小, 故允许首次拉深时凹模圆角半径选用较小值, 这里取 $r_{d1} = 5$ mm, 而冲头圆角半径取 $r_{p1} = 0.8 r_{d1} = 4$ mm。

于是, 首次拉深圆角半径为 $R_1 = r_{d1} + t/2 = (5 + 1.5/2)$ mm $= 5.75$ mm, $R = r_{p1} + t/2 = (4 + 1.5/2)$ mm $= 4.75$ mm。

由于首次拉深时凹模圆角半径不等于冲头圆角半径, 故首次拉深高度按式(4.3)计算

$$h_1 = \frac{D^2 - d_F^2 + 1.72d_1(R + R_1) + 0.56(R^2 - R_1^2)}{4d_1} =$$

$$\frac{65^2 - 54^2 + 1.72 \times 36.5(4.75 + 5.75) + 0.56(4.75^2 - 5.75^2)}{4 \times 36.5} \text{mm} = 13.4 \text{mm}$$

实际生产中取 $h_1 = 13.8$ mm, 如图 6.8 所示。

(2) 二次拉深。

$$d_2 = m_2 \times d_1 = 0.808 \times 36.5 \text{ mm} = 29.5 \text{ mm}(中径)$$

取 $r_{d2} = r_{p2} = 2.5$ mm, 于是拉深圆角半径 $R_1 = R = (2.5 + 1.5/2)$ mm $= 3.25$ mm。

由于第二次拉深时凹模圆角半径等于冲头圆角半径, 故第二次拉深高度按式(4.4)计算

$$h_2 = \frac{D^2 - d_F^2 + 3.44Rd_2}{4d_2} = \frac{65^2 - 54^2 + 3.44 \times 3.25 \times 29.5}{4 \times 29.5} \text{ mm} = 13.9 \text{ mm}$$

h_2 的计算值与生产实际相符, 如图 6.9 所示。

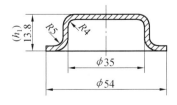

图 6.8 首次拉深件

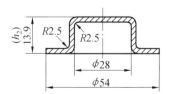

图 6.9 第二次拉深件

（3）三次拉深（兼整形）。

$$d_3 = m_3 \times d_2 = 0.807 \times 29.5 \text{ mm} = 23.8 \text{ mm}$$

取 $r_{d3} = r_{p3} = 1.5$ mm，达到零件要求，因该道工序兼有整形作用，故这样设计是合理的。

$h_3 = 16$ mm，如图 6.10（c）所示。

（4）其余各中间工序均按零件要求尺寸而定，详见图 6.10。

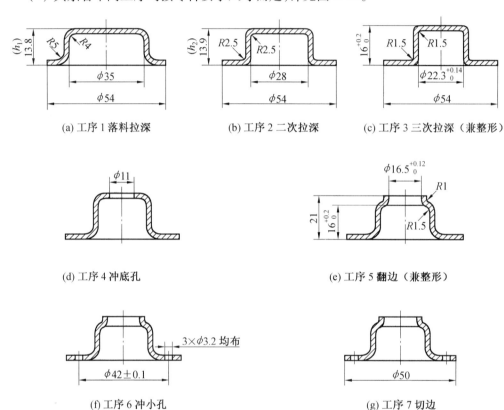

(a) 工序 1 落料拉深　　　　(b) 工序 2 二次拉深　　　　(c) 工序 3 三次拉深（兼整形）

(d) 工序 4 冲底孔　　　　　　　　　(e) 工序 5 翻边（兼整形）

(f) 工序 6 冲小孔　　　　　　　　　(g) 工序 7 切边

图 6.10　外壳冲压工序图

3. 计算工艺力、选设备

（1）落料拉深工序。

落料力按公式（3.11）计算

$$P_{冲} = 1.3Lt\tau = 1.3Lt0.8R_m = LtR_m = \pi DtR_m = (3.14 \times 65 \times 1.5 \times 400) \text{ N} = 122\ 460 \text{ N}$$

式中，$R_m = 400$ MPa（由表 3.5 查得）。

卸料力按公式（3.14）计算

$$P_{卸} = K_{卸} P_{冲} = 0.04 \times 122\ 460 \text{ N} \approx 4\ 898 \text{ N}$$

式中，$K_{卸} = 0.04$（由表 3.6 查得）。

拉深力按公式（4.14）计算

$$P_{拉} = \pi d_1 t R_m K_1 = (3.14 \times 36.5 \times 1.5 \times 400 \times 0.75) \text{ N} \approx 51\ 575 \text{ N}$$

式中,$K_1 = 0.75$(由表 4.13 查得)。

压边力按照防皱最低压边力公式(式 4.12)计算

$$Q = \frac{\pi}{4}\left[D^2 - (d_1 + 2r_{d1})^2\right]q =$$

$$\left\{\frac{\pi}{4}\left[65^2 - (36.5 + 2 \times 5.75)^2\right] \times 2.5\right\} \text{ N} \approx 3\ 770 \text{ N}$$

式中,$q = 2.5 \text{ MPa}$(由表 4.12 查得)。

对于这种落料拉深复合工序,选择设备吨位时,既不能把以上四个力加起来(再乘个系数值)作为设备的吨位,也不能仅按落料力或拉深力(再乘个系数)作为设备吨位。应该根据压力机说明书中所给出的允许工作负荷曲线做出判断和选择。经查,该复合工序的工艺力可在 160 kN 压力机上得到。但现场条件只有 250 kN、350 kN、630 kN 和 800 kN 的压力机,故选用 250 kN 压力机,其压力就足够了(工厂实际选用 350 kN 压力机。因 250 kN 压力机任务较多,而 350 kN 压力机任务少)。

(2)第二次拉深工序。

拉深力

$$P_拉 = \pi d_2 t R_m K_2 = (3.14 \times 29.5 \times 1.5 \times 400 \times 0.52) \text{ N} \approx 28\ 901 \text{ N}$$

式中,$K_2 = 0.52$(由表 4.14 查得)。

由于第二次拉深系数较大($m_2 = 0.808$),并且毛坯相对厚度足够大($\frac{t}{d_1} \times 100 = \frac{1.5}{36.5} \times 100 = 4.1$),故可不用压边圈(由表 4.11 查得),这道工序的压边圈实际上起定位与顶件的作用。

顶件力按拉深力的 10% 计算

$$P_顶 = 0.1 P_拉 = (0.1 \times 28\ 901) \text{ N} \approx 2\ 890 \text{ N}$$

总压力

$$P_总 = P_拉 + P_顶 = 28\ 901 + 2\ 890 \text{ N} = 31\ 791 \text{ N}$$

显然,总压力很小,但根据现场条件,只可选用 250 kN 压力机。

(3)第三次拉深兼整形工序。

拉深力

$$P_拉 = \pi d_3 t R_m K_2 = (3.14 \times 23.8 \times 1.5 \times 400 \times 0.52) \text{ N} \approx 23\ 316 \text{ N}$$

其整形力按下式计算

$$P_整 = Fq = \left\{\frac{\pi}{4}\left[(54^2 - 25.3^2) + (22.3 - 2 \times 1.5)^2\right] \times 100\right\} \text{ N} \approx 207\ 899 \text{ N}$$

式中,$q = 100 \text{ MPa}$(见《冲压手册》)。

顶件力按拉深力的 10% 计算

$$P_顶 = 0.1 P_拉 = 0.1 \times 23\ 316 \text{ N} \approx 2\ 332 \text{ N}$$

对于这种复合工序,由于整形力最大,且在临近下死点位置时发生,符合压力机的工作负荷曲线,故可按整形力大小选择压力机,即可选 250 kN 压力机(工厂实际上安排在 630 kN 压力机上)。

（4）冲 $\phi 11$ 孔工序。

冲孔力

$P_{冲} = 1.3\pi dt\tau = 1.3\pi dt 0.8R_{m} = \pi dt R_{m} = (3.14 \times 11 \times 1.5 \times 400)\ \text{N} = 20\ 724\ \text{N}$

卸料力

$$P_{卸} = K_{卸} P_{冲} = (0.04 \times 20\ 724)\ \text{N} \approx 829\ \text{N}$$

推件力按公式（3.15）计算

$$P_{推} = nK_{推} P_{冲} = (5 \times 0.055 \times 20\ 724)\ \text{N} \approx 5\ 699\ \text{N}$$

式中，$K_{推} = 0.055$（由表3.6查得）。$n = 5$，同时卡在凹模内的零件（或废料）数目（设凹模刃口直壁高度 $h = 8\ \text{mm}$，$n = \dfrac{h}{t} = \dfrac{8}{1.5} \approx 5$）。

总压力

$$P_{总} = P_{冲} + P_{卸} + P_{推} = (20\ 724 + 829 + 5\ 699)\ \text{N} = 27\ 252\ \text{N}$$

显然，只要选63 kN压力机即可，但根据条件只可选250 kN压力机。

（5）翻边兼整形工序。

翻边力按下式计算

$P_{翻} = 1.1\pi t(d_1 - d_0)R_{eL} = [1.1 \times 3.14 \times 1.5 \times (18 - 11) \times 196]\ \text{N} \approx 7\ 108\ \text{N}$

式中，$R_{eL} = 196\ \text{MPa}$，由《冲压手册》查得。

顶件力按翻边力的10%计算

$$P_{顶} = 0.1 \times 7\ 108\ \text{N} \approx 711\ \text{N}$$

整形力

$$P_{整} = Fq = \left[\frac{\pi}{4}(22.3^2 - 16.5^2) \times 100 \right]\ \text{N} \approx 17\ 666\ \text{N}$$

同理，按整形力选择设备，也只需63 kN压力机，这里选用250 kN压力机。

（6）冲三个 $\phi 3.2$ 孔工序。

冲孔力

$P_{冲} = 3 \times 1.3\pi dt\tau = 3\pi dt R_{m} = (3 \times 3.14 \times 3.2 \times 1.5 \times 400)\ \text{N} \approx 18\ 086\ \text{N}$

卸料力

$$P_{卸} = K_{卸} P_{冲} = (0.04 \times 18\ 086)\ \text{N} \approx 723\ \text{N}$$

推件力

$$P_{推} = nK_{推} P_{冲} = (5 \times 0.055 \times 18\ 086)\ \text{N} \approx 4\ 974\ \text{N}$$

总压力

$$P_{总} = P_{冲} + P_{卸} + P_{推} = (18\ 086 + 723 + 4\ 974)\ \text{N} = 23\ 783\ \text{N}$$

选250 kN压力机。

（7）切边工序。

$$P_{冲} = 1.3\pi Dt\tau = \pi Dt R_{m} = (3.14 \times 50 \times 1.5 \times 400)\ \text{N} = 94\ 200\ \text{N}$$

设有两把废料切断刀，所需切断废料压力

$$P'_{冲} = [1.3 \times (54 - 50) \times 1.5 \times 0.8 \times 400]\ \text{N} = 2\ 496\ \text{N}$$

故总压力

$$P_{总} = P_{冲} + P'_{冲} = (94\ 200 + 2\ 496)\ \text{N} = 96\ 696\ \text{N}$$

选用250 kN压力机（工厂安排350 kN压力机）。

6.4 编写冲压工艺过程卡

在确定了工艺方案,计算了各工序的工艺参数,并根据初步确定的模具结构和企业实际设备情况选择了冲压设备后,需要填写冲压工艺卡片。

表 6.1 所示工艺卡片实例包含了冲压工艺的基本内容。不同企业的冲压工艺卡片所包含的内容有所不同,有的企业所用的冲压工艺卡片的内容还包括各工序所需的操作人数、操作位置与方法、生产节拍、工序件的转运方式、所用材料及下料方法等内容。

表 6.1 冲压工艺卡片实例

厂 车间		冷冲压工艺卡片	零件名称	
零件草图		材料排样	玻璃升降器制动机构外壳	
			材料	名称牌号	08 钢
				形状尺寸	1.5 ± 0.11 × 1 800 × 900

工序	工序说明	加工草图	设备 型号名称	模具 名称图号
0	剪床下料			
1	落料与首次拉深		350 kN 压力机	落料拉深复合模
2	二次拉深		250 kN 压力机	拉深模
3	三次拉深(带整形)		630 kN 压力机	拉深模

续表6.1

工序	工序说明	加工草图	设备 型号名称	模具 名称图号
4	冲 $\phi 11$ 底孔	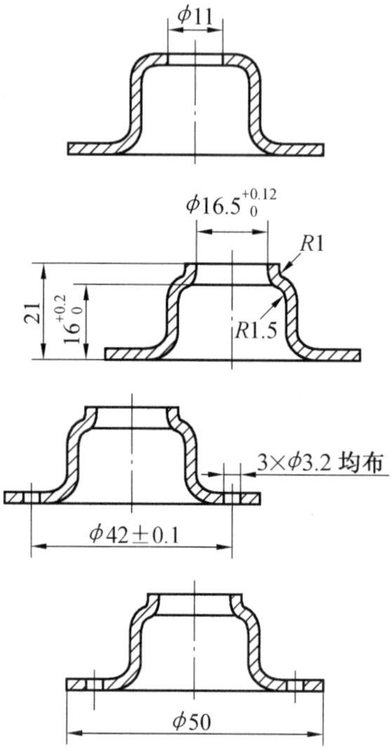 $\phi 11$	250 kN 压力机	冲孔模
5	翻边（带整形）	$\phi 16.5_{0}^{+0.12}$ R1 21 $16_{0}^{+0.2}$ R1.5	250 kN 压力机	翻边模
6	冲3个小孔 $\phi 3.2$	$3 \times \phi 3.2$ 均布 $\phi 42 \pm 0.1$	250 kN 压力机	冲孔模
7	切边		350 kN 压力机	切边模
8	检验	$\phi 50$		

设计：　　　　校对：　　　　　　　审核：　　　　　批准：

6.5 模具结构设计

根据确定的工艺方案、零件的形状特点、精度要求、所选设备的主要技术参数和模具制造条件以及安全生产等选定其冲模的类型及结构形式。下面仅介绍第一工序的落料拉深复合模的设计。其他各工序所用模具的设计从略。

1. 模具结构形式选择

采用落料、拉深复合模，首先要考虑落料凸模（兼拉深凹模）的壁厚是否过薄。本例凸凹模壁厚 $b = \dfrac{65 - 38}{2}$ mm $= 13.5$ mm，能保证足够强度，故可采用复合模。

落料、拉深复合模常采用如图6.4(a)所示的典型结构，即落料采用正装式，拉深采用倒装式。模座下的缓冲器兼作压边与顶件，另设有弹性卸料和刚性推件装置。这种结构的优点是操作方便、出件畅通无阻、生产率高，缺点是弹性卸料装置使模具结构较复杂，特别是拉深深度大、料较厚、卸料力大的情况，需要较多、较长的弹簧，使模具结构复杂。

为了简化上模部分，可采用刚性卸料板（图6.11），其缺点是拉深件留在刚性卸料板内，不易出件，带来操作上的不便。对于本例，由于拉深深度不算大，材料也不厚，因此采用弹性卸料较合适。

考虑到装模方便,模具采用后侧布置的导柱导套模架。

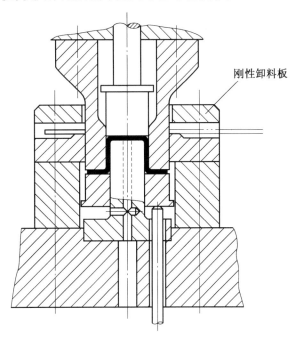
刚性卸料板

图 6.11 采用刚性卸料板的落料拉深复合模

2. 模具工作部分尺寸计算

(1) 落料。

圆形凸模和凹模可分开加工。按式(3.22)、(3.23)计算工作部分尺寸。所落下的料(即为拉深件坯料)按未注公差的自由尺寸,按 IT14 级取极限偏差,故落料件的尺寸取为 $\phi 65_{-0.74}^{0}$。于是,凸凹模直径尺寸为

$$D_{\rm d} = (D - X\Delta)_{0}^{+\delta_{\rm d}} = (65 - 0.5 \times 0.74)_{0}^{+0.03}\,{\rm mm} = 64.63_{0}^{+0.03}\,{\rm mm}$$

$$D_{\rm p} = (D - X\Delta - 2C_{\min})_{-\delta_{\rm p}}^{0} = (65 - 0.5 \times 0.74 - 0.132)_{-0.02}^{0}\,{\rm mm} = 64.50_{-0.02}^{0}\,{\rm mm}$$

式中 X—— 按表 3.12 选取的(根据 $\Delta = 0.74$,查得 $X = 0.5$);

$\delta_{\rm d}$、$\delta_{\rm p}$—— 按表 3.11 选取的($\delta_{\rm d} = 0.03$,$\delta_{\rm p} = 0.02$);

$2C_{\min}$、$2C_{\max}$—— 按表 3.9 选取的($2C_{\min} = 0.132$,$2C_{\max} = 0.24$)。

再按 $\delta_{\rm d} + \delta_{\rm p} = 0.03 + 0.02 = 0.05 < 2C_{\max} - 2C_{\min} = 0.24 - 0.132 = 0.108$,核验上述设计计算是恰当的。

落料凹模的外形尺寸确定:由式(3.38)取凹模壁厚为 30 ~ 40 mm,实际取为 32.5 mm。

(2) 拉深。

首次拉深件按未注公差的极限偏差考虑,按 IT14 级取极限偏差,且因零件是标注内形尺寸,故拉深件的内径尺寸取为 $\phi 35_{0}^{+0.62}$。

由式(4.28)、式(4.29) 有

$$D_{\rm p} = (d + 0.4\Delta)_{-\delta_{\rm p}}^{0} = (35 + 0.4 \times 0.62)_{-0.06}^{0}\,{\rm mm} = 35.25_{-0.06}^{0}\,{\rm mm}$$

$$D_d = (d + 0.4\Delta + 2C)^{+\delta_d}_0 = (35 + 0.4 \times 0.62 + 2 \times 1.8)^{+0.09}_0 \text{ mm} = 38.85^{+0.09}_0 \text{ mm}$$

式中，C 按表 4.17 选取（取 $C = 1.2t = 1.2 \times 1.5$ mm = 1.8 mm）；δ_p，δ_d 按表 4.18 选取。

3. 选用标准模架、确定闭合高度及总体尺寸

（1）由凹模外形尺寸 $\phi130$，选后侧滑动导柱导套模架，再按其标准选择具体结构尺寸。

上模座　　160 mm × 160 mm × 40 mm　　HT200　　硬度 170 ~ 220HB

下模座　　160 mm × 160 mm × 45 mm　　ZG310 - 570　　硬度 24 ~ 28HRC

导　柱　　28 mm × 150 mm　　　　　　20 钢　　硬度 58 ~ 62HRC（渗碳）

导　套　　28 mm × 100 mm × 38 mm　　　20 钢　　硬度 58 ~ 62HRC（渗碳）

压入式模柄　　$\phi40$ mm × 100 mm　　Q235

模具闭合高度　　最大 200 mm，最小 160 mm

该副模具没有漏料问题，故不必考虑漏料孔尺寸。

（2）模具的实际闭合高度，一般为

$$H_{模} = 上模座厚度 + 垫板厚度 + 冲头长度 + 凹模厚度 + 凹模垫块厚度 +$$
$$下模座厚度 - 冲头进入凹模深度$$

该副模具因上模部分未用垫板、下模部分未用凹模垫块（经计算，模板上所受到的压应力小于模座材料所允许的压应力，故允许这种设计）；如果冲头（这里具体指凸凹模）的长度设计为 65，凹模（落料凹模）厚度设计为 48，则该模具的实际闭合高度为

$$H_{模} = 上模座厚度 + 冲头长度 + 凹模厚度 + 下模座厚度 -$$
$$（凹模与凸模的刃面高度差 + 拉深件高 - t）=$$
$$40 + 65 + 48 + 45 - (1 + 13.8 - 1.5) \text{mm} = 184.7 \text{ mm} \approx 185 \text{ mm}$$

查设备参数表开式压力机规格知，250 kN 压力机最大闭合高度为：固定台和可倾式最大闭合高度为 250（封闭高度调节量 70），活动台式最大为 360 mm，最小为 180 mm，该压力机的垫板厚度为 50 mm。

模具闭合高度满足 $H_{max} - 5 \geqslant H_{模} \geqslant H_{min} + 10$，即

$$250 - 50 - 5 \geqslant 185 \geqslant (250 - 50 - 70) + 10$$

故闭合高度设计合理。

（3）由于该零件落料、拉深均为轴对称形状，故不必进行压力中心的计算。

（4）确定该模具装配图的 3 个外形尺寸：长为 254 mm、宽为 240 mm、闭合高度为 185 mm，如图 6.12 所示。然后对工作零件、标准零件及其他零件进行具体结构设计。当然，如果在具体结构设计中涉及上述 3 个总体尺寸需要调整，也属于冲模结构设计中的正常过程。

4. 模具零件的结构设计（在主要工艺设计及模具总体设计之后进行）

（1）落料凹模（图 6.13(a)）。

① 内、外形尺寸和厚度（已定）；

② 需有 3 个以上螺纹孔，以便与下模座固定；

③ 要有 2 个与下模座同时加工的销钉孔；

④ 有 1 个挡料销用的销孔；

⑤ 标注尺寸精度、形位公差及粗糙度。

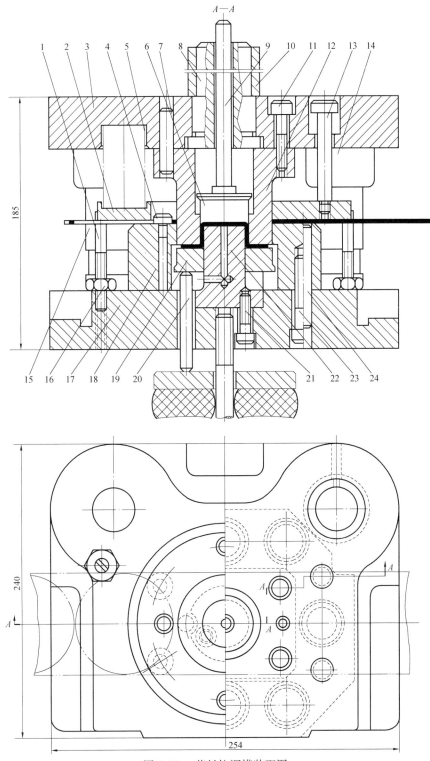

图 6.12 落料拉深模装配图

1 ～ 24— 销钉

（2）拉深凸模（图 6.14（b））。

① 设计外形尺寸（工作尺寸已定）；

② 一般有出气孔，可查表 4.19 确定孔径（工厂实取 $\phi4$）；

③ 需有 3 个以上螺纹孔，以便与下模座固定（工厂实际用两个螺钉紧固，其设计不很合理）；

④ 标注尺寸精度、形位公差及粗糙度。

（3）凸凹模（图 6.14（a））。

① 设计内、外形尺寸（工作部分尺寸已定）；

② 需有 3 个以上螺纹孔，以便与上模座固定；

③ 要有 2 个与上模座同时配作的销钉孔；

④ 标注尺寸精度、形位公差及粗糙度。

（4）弹性卸料板（图 6.13（b））。

① 内形与凸凹模（或凸模）间隙配合，外形视弹簧或橡皮的数量、大小而定；

② 需有 3 个以上螺纹孔与卸料螺钉配合；

③ 如不是橡皮而是用弹簧卸料时，需加工出坐稳弹簧的沉孔；

④ 厚度一般为 10 mm 左右；

⑤ 如模具用挡料销挡料定位，注意留空挡料钉头部位置。

（5）顶料板（该模具兼作压边圈）（图 6.14（c））。

① 内形与拉深冲头间隙配合，外形受落料凹模内孔限制；

② 一般与顶料杆（3 根以上）、橡皮等构成弹性顶料系统；

③ 顶料杆的长度 = 下模座厚 + 落料凹模厚 - 顶料板厚。

（6）打料块（图 6.12）。

① 前部外形与拉深凹模间隙配合且后部必须更大；

② 一般与打料杆联合使用，靠两者的自重把工件打出来；

③ 打料杆的长度 = 凸凹模高 - 打料块厚 + 上模座厚 + 滑块模柄孔深 + 5 ~ 10 mm；

（7）其他零部件。可查国标或根据具体结构进行设计，内容从略。

5. 设计结果

由以上设计计算，并经绘图设计，该外壳零件的落料拉深模装配图如图 6.12 所示，其部分零件图如图 6.13、图 6.14 所示。

表 6.2 列出了该复合模的零件明细表。

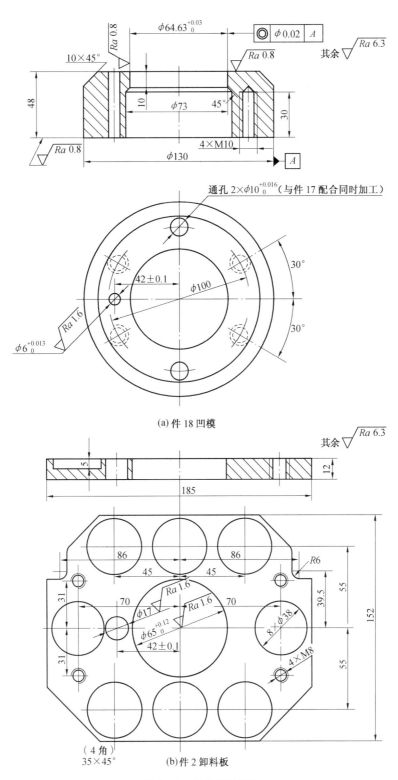

(a) 件 18 凹模

(b) 件 2 卸料板

图 6.13　部分零件图 1

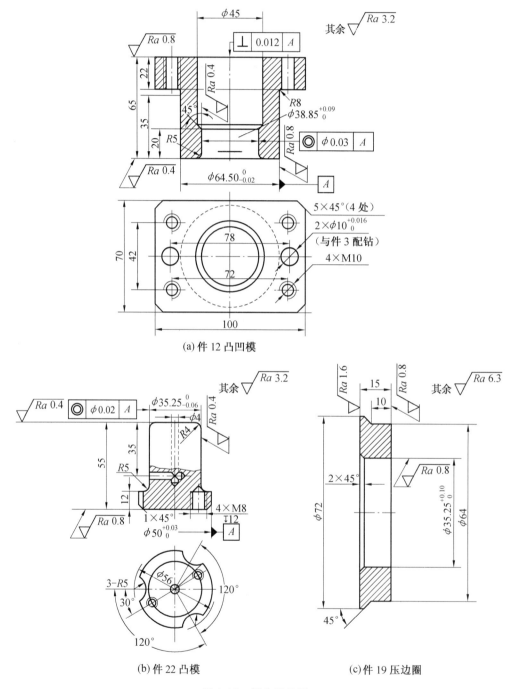

(a) 件 12 凸凹模

(b) 件 22 凸模

(c) 件 19 压边圈

图 6.14　部分零件图 2

表6.2 复合模的零件明细表

件号	名 称	数量	材料	规 格	标 准	热 处 理
1	螺栓销	2	35	M10×70		30～35HRC
2	卸料板	1	Q275	185×152×12		
3	上模座	1	HT200	160×160×40	GB/T 2855.1—2008	退火
4	挡料销	1	T8			50～54HRC
5	弹簧	8	65Mn	φ5×φ28×85	GB/T 1358—2009	40～45HRC
6	打料块	1	40	φ38.7×25		40～45HRC
7	圆柱销	2	45	φ10×50	GB/T 119.2—2000	28～38HRC
8	模柄	1	Q235	B40×100	GB 2862.1—81Q235	
9	打料杆	1	45	A12×160	GB 2867.1—81	43～48HRC
10	模柄套*	1	Q235	φ50×70		
11	内六角螺钉	4	45	M10×40	GB/T 70.1—2008	8.8 级
12	凸凹模	1	Cr12	70×100×65		60～62HRC
13	卸料板螺钉	4	45	10×60	GB 2867.6—81	35～40HRC
14	导套	2	20	A28×100×38	GB/T 2861.3—2008	渗碳 58～62HRC
15	导柱	2	20	B28×150	GB/T 2861.1—2008	渗碳 58～62HRC
16	螺母	2	45	M10	GB/T 41—2000	5 级
17	下模座	1	ZG310-570	160×160×45	GB/T 2855.2—2008	退火
18	凹模	1	T10A	φ130×48		60～62HRC
19	压边圈	1	45	φ72×15		56～58HRC
20	推销	3	T8A	φ8×80		45～50HRC
21	内六角螺钉	2	45	M8×30	GB/T 70.1—2008	8.8 级
22	凸模	1	T10A	φ50×55		60～62HRC
23	内六角螺钉	4	45	M10×50	GB/T 70.1—2008	8.8 级
24	圆柱销	2	45	φ10×70	GB/T 119.2—2000	28～38HRC

注：* 本冲模在 J23-40 型压力机上工作时才用模柄套并加垫板 65 mm 两块

参考文献

［1］王孝培.实用冲压技术手册［M］.北京:机械工业出版社,2004.
［2］卢险峰.冲压工艺模具学［M］.北京:机械工业出版社,1999.
［3］韩永杰.冲压模具设计［M］.哈尔滨:哈尔滨工业大学出版社,2008.
［4］郝滨海.冲压模具简明设计手册［M］.北京:化学工业出版社,2005.
［5］郑家贤.冲压工艺与模具设计实用技术［M］.北京:机械工业出版社,2005.
［6］洪慎章.冲模设计速查手册［M］.北京:机械工业出版社,2012.
［7］姜奎华.冲压工艺与模具设计［M］.北京:机械工业出版社,1997.
［8］刘心治.冷冲压工艺及模具设计［M］.重庆:重庆大学出版社,1995.
［9］王小彬.冲压工艺与模具设计［M］.北京:电子工业出版社,2006.
［10］欧阳波仪.现代冷冲模设计基础实例［M］.北京:化学工业出版社,2006.
［11］崔令江,韩飞.塑性加工工艺学［M］.2版.北京:机械工业出版社,2013.
［12］李春峰.金属塑性成形工艺及模具设计［M］.北京:高等教育出版社,2008.
［13］李名望.冲压模具设计与制造技术指南［M］.北京:化学工业出版社,2008.
［14］王卫卫.材料成形设备［M］.北京:机械工业出版社,2004.
［15］秦大同,谢里阳.现代机械设计手册(单行本):弹簧设计［M］.北京:化学工业出版社,2013.
［16］成大先.机械设计手册(单行本):连接与紧固［M］.5版.北京:化学工业出版社,2010.